未来世界

来界

日本
三菱综合研究所
编著

赵艳华
译

3X技术探索可持续发展

中国科学技术出版社

·北　京·

北京市版权局著作权合同登记　图字：01-2022-1207。

图书在版编目（CIP）数据

　未来世界：3X 技术探索可持续发展 / 日本三菱综合
研究所编著；赵艳华译 . —北京：中国科学技术出版
社，2022.6
　ISBN 978-7-5046-9597-0

Ⅰ . ①未… Ⅱ . ①日… ②赵… Ⅲ . ①未来学 Ⅳ .
① G303

中国版本图书馆 CIP 数据核字（2022）第 073537 号

策划编辑	杜凡如　杨汝娜	责任编辑	杜凡如
封面设计	仙境设计	版式设计	蚂蚁设计
责任校对	焦　宁	责任印制	李晓霖

出　　版	中国科学技术出版社
发　　行	中国科学技术出版社有限公司发行部
地　　址	北京市海淀区中关村南大街 16 号
邮　　编	100081
发行电话	010-62173865
传　　真	010-62173081
网　　址	http://www.cspbooks.com.cn

开　　本	880mm×1230mm　1/32
字　　数	163 千字
印　　张	8.25
版　　次	2022 年 6 月第 1 版
印　　次	2022 年 6 月第 1 次印刷
印　　刷	北京盛通印刷股份有限公司
书　　号	ISBN 978-7-5046-9597-0/G・954
定　　价	69.00 元

前言

　　三菱综合研究所在2020年9月迎来了成立50周年纪念日。借此机会，我们做了一项纪念性研究，旨在阐明未来50年我们所追求的理想未来社会的愿景及其实现方法，本书正是在该研究成果的基础上编写而成的。

　　50多年前，也就是1970年，日本大阪举办了世博会，主题是"人类的进步与和谐"。在大阪世博会上，给人们留下深刻印象的除了"太阳塔"和"月亮石"之外，还有移动电话、电动汽车和直驱电机等先进设备所展示的美好未来社会。这些展品给孩子和大人都带来了美好的梦想，让人们非常感动。

　　在这届大阪世博会上，三菱集团的展台搭建了三菱未来馆。在未来馆中，我们对50年后的未来，也就是对现在的世界做出了各种预测，包括"壁挂式电视和电脑得到普及""人类战胜癌症""人类的工作时间缩短到每天4小时，体力劳动完全消失"等。有的预言已经成为现实，有的还远未实现。

　　当时，由于美元实行浮动汇率制和第一次石油危机的影响，世界经济正处于重大转折点。1972年，即大阪世博会举办的两年后，罗马俱乐部发表了一篇题为《增长的极限》（*Limits to Growth*）的报告。这篇报告向社会发出了警告：我们需要一个可持续发展的社会来避免人类危机。

　　大阪世博会给人们带来无尽的梦想，同时提出了"标准化量产型现代社会"的理念。当时，日本正处于高速发展阶段，凭借强大的工业实力，快速、大量地生产优质工业产品，不断创造着庞大的物质财富。因此，这一理念无疑是当时日本社会的象征。不过，它同时也反映了当时整个世界的发展趋势。无论如何，这是一个可以对未来充满期待的时代。

　　在那之后的50多年里，这一理念传遍了世界。一直以来，在人们的努力之下，发达国家实现了物质富裕，新兴国家稳步追赶，世界呈现一派繁荣景象。然而与此同时，气候变化、资源枯竭、社会差距和社会分裂不断扩大，全球性问题日益突出，未来人类将面临更严峻的挑战。

　　联合国通过了2030年可持续发展目标（SDGs），并承诺"不让任何一个人掉队"，这一理念正在世界范围内广为传播，成为人们热议的课题，然而要实现它并非易事。

　　未来50年，世界人口预计将达到近100亿。人类的预期寿命正在增长，发达国家的人均寿命有望达到100岁。在追求联合国可持续发展目标的同时，我们应该认真思考如何着眼于未来，既要实现国民富裕，又要保证社会的可持续发展。毫不夸张地说，我们的行为将承载着人类的命运。

　　2021年4月，新冠肺炎疫情正在全世界肆虐，世界经济和社会遭受沉重打击。新冠肺炎疫情在短时间内改变了人们的价值观、行为方式以及社会机制。人类社会迎来了一个重大的转折点。现在已经到了着眼未来，采取行动的时候了。

技术是人类进步的原动力，它与人类的关系在今后50年内会发生巨大变化。我们认为，在创造未来世界的过程中有两大关键要素，一个是技术创新带来的社会变革，即"3X（数字技术、生物技术、通信技术）"，另一个是新型社群，即"共域"。

预测未来最好的方法就是创造未来。在当今世界面临的诸多问题中，我们认为"地球"和"差距"是根本性问题。如何利用"一个地球"的有限资源，超越"发展的极限"？要做到这一点，我们必须与大阪世博会时代的"标准化量产型现代社会"划清界限，不是靠量的发展，而是靠质的进步来满足人们的需求，缩小人与人之间的差距。

未来50年我们都要想办法同时兼顾"国民富裕"与"社会可持续发展"的需要，将追求的目标从物质富裕转向个人福祉，实现从量到质的转变。与此同时，我们还要确保社会发展的可持续性，保证子孙后代也能生活在繁荣的社会中。对物质的诉求源自本能，而对品质的诉求则来自人的意志。人类将进入一个由意志创造希望的时代。

本书设定了五个目标，以期达到新的"国民富裕"和"社会可持续发展"之间的平衡，同时还将介绍构建未来社会的要

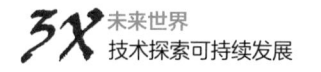
素——技术创新和新型社群。希望本书能够抛砖引玉，与诸位一
起迈向理想的未来世界。

三菱综合研究所理事长小宫山宏

2021年4月

目录

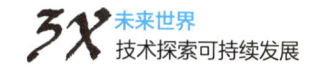

人类繁荣不可或缺的
两大手段

人类依赖技术和社群发展至今

我们的直系祖先是智人，他们诞生于距今约20万年前的非洲大陆。与之前出现的猿人、能人等远古人类相比，智人的外形具有体格纤细、腿部修长、额部较垂直的特点。他们逐渐繁衍到了整个非洲，并在大约10万年前穿越红海经阿拉伯半岛来到亚欧大陆。之后，他们中的一部分来到了欧洲，一部分经印度和东南亚来到了大洋洲，在全球各地留下了足迹。值得一提的是，据说大约3万年前智人来到了日本列岛。

当时地球处于冰川期，气候比现在要寒冷得多。尽管如此，仍有一部分智人自亚欧大陆向北迁移，到达覆盖着冻土的极寒之地西伯利亚。他们徒步穿越了连接亚洲和北美洲的白令海峡到达阿拉斯加，从北美大陆一路向南，不久后到达美洲大陆的最南端。

现在，智人的栖息地已遍布全球，所到之处都创建了人类文明。无论是干燥少雨的沙漠、氧气稀薄的高地，还是呼气成冰的永久冻土，智人都适应了下来，栖息繁衍到78亿人口之多。黑猩猩与人类的基因组具有98%相似度，但它们的栖息地却只局限在非洲热带雨林等极少数地区。可见，我们人类的生活区域极为广阔，生存能力超越了其他所有物种。

然而，作为一种动物，智人并不是绝对的强壮。他们既没有攻击敌人的獠牙和角，也没有快速逃离险境的速度，更没有翱翔天空的翅膀，他们消化能力较弱，也没有抵御寒冷的皮毛。这样说来，智人比许多动物要弱小得多。

那么智人为什么会生生不息，如此繁荣呢？其关键就在于技术和社群。

在瞬息万变的环境中，很多物种在跨越世纪的漫长进化中相继灭绝，而智人却通过掌握技术不断拓展自己的能力。他们亲手制造石器来杀死猎物，缝制御寒的衣服，用火加热并烹饪食物，扩大食物的种类范围。

不过，使用灵巧的双手和发达的大脑来开发技术、制造工具并不只是智人的专长。南方古猿在250万年前就使用过石器，海德堡人甚至用兽皮搭建过屋子。尼安德特人使用长矛状的工具来猎杀山羊和马等大型动物，而且他们的身体比智人更强壮，肌肉更发达，脑容量也更大。但是，尼安德特人却逐渐被智人驱逐，最终灭绝了。

历史学家尤瓦尔·诺亚·赫拉利（Yuval Noah Harari）在《人类简史：从动物到上帝》（*Sapiens: A Brief History of Humankind*）中这样描述道：

"尼安德特人通常独自或几个人一起狩猎，而智人却是数十人合作，有时甚至是不同的部落共同协作开发某种狩猎技术。其中最有效的狩猎方法是，智人合力围住一群野马等动物，将它们驱赶到狭窄的山谷中，这样便可以轻松将猎物悉数捕获。如果一切按计划顺利进行，那么几个部落的人们可以在某个下午通过合作的方式，斩获成吨的肉、脂肪和毛皮，他们举办大型聚会大快朵颐，将剩下的肉晒干、熏制、冷冻后长期储存下来（在北极地区）。"

尼安德特人肯定不希望看到自己的传统狩猎场成为智人统治的屠宰场。但是，当这两个种族之间爆发激烈的冲突时，尼安德特人与野马无异，根本没有获胜的机会。以传统静态模式合作的50名尼安德特人根本无法与500个善于变通和创新的智人相抗衡。

智人凑在一起后，就会创造诸如贸易网、集体庆祝活动和政治制度等使社会活动井然有序，这些都是单个个体无法做到的。我们和黑猩猩之间的真正区别在于，我们拥有将大量个体、家庭和集体联系到一起的神秘黏合剂，正是这种黏合剂使我们成为万物之主。

当然，我们也需要其他技能，比如制作和使用工具的能力，但这些工具只有与众人协作时，才会发挥出真正的价值。

如果将技术的力量与团结协作的社群力量结合到一起，就会产生合力倍增效果。智人为了拓展自己征服世界的能力，不断创

造一些有用的工具，以社群的形式接受、运用和传播这些工具。可以说，智人能够发展到今天，与这两大社会基础要素的协同合作密不可分。

今天同样如此。纵观智人（人类）历史就会发现，只有引发社会变革的技术与适应、促进技术发展的社群协同发展、相互促进，才能推动社会的发展。

技术是社会变革的触发器

美国未来学家阿尔文·托夫勒（Alvin Toffler）在1980年出版的《第三次浪潮》（*The Third Wave*）一书中提出，人类历史上发生过两次重大变革，分别是发生在大约1万年前的农业革命和18世纪末的工业革命。他同时预言，信息革命将成为第三次变革，使人类的社会形态产生巨大改变。

迄今为止，人类经历了两次革命浪潮。每一波浪潮都将转型前的文化和文明远远甩在了身后，在革命浪潮的影响下，社会普及了新的生活方式，这种生活方式是前一个时代的人们无法想象的。第一波农业革命在数千年间缓慢展开。随着工业文明的到来，第二波变革只用了300年。今天，历史的脚步正在加速，第三波革命浪潮可能最多在二三十年内就会改变历史进程并完成变革。

革命浪潮也不可避免地对社群形态产生重大影响。在以农业为主体的地区，叔叔婶婶、岳父岳母、祖父母、堂兄弟等几代人同住在一个屋檐下，在经济方面，所有人作为一个生产单位共同劳动，形成一个大家庭。整个家族不会外迁，他们深深扎根于这片土地。

第二次革命浪潮席卷社会，家族形态被迫转型。第一波和第二波革命浪潮在家庭内部发生碰撞，家族内部开始出现纷争，族长的权威受到挑战。家庭不再作为一个生产单位共同劳动。

重大的社会变革必然与创新型技术有密切关系，这些技术包括农牧社会中的农作物栽培技术、工业社会中的蒸汽机技术、信息社会中的计算机技术等。这类影响到某个国家，甚至是全世界的技术被称为"通用技术"（General Purpose Technologies，GPTs）。

2006年，经济学家理查德·利普西（Richard Lipsey）等人为通用技术定义了四个特征：①单一的、独立的；②在创建时有很多改进和细化的空间，之后被广泛应用；③用途广泛；④创造出许多溢出效应。它们可以是整合多个任务的工艺，也可以以物理产品或组织的形式呈现。

根据这个定义，利普西等人选择了24项技术作为人类历史上的通用技术（见表0-1）。按照时间顺序排列之后，我们发现，通用技术的发展呈现出一定的趋势。一开始，它是家庭或村落等区域共同体的生存手段，这是它的萌芽阶段。后来，通用技术促进了工业化发展，成为创造物质文明的工具。之后，它进一步发

展，提高了个体的能力和潜能。

表0-1 人类历史上的通用技术

序号	通用技术	时期	分类
1	植物驯化（Domestication of plants）	公元前9000—前8000年	工艺
2	动物驯化（Domestication of animals）	公元前8500—前7500年	工艺
3	矿石冶炼（Smelting of ore）	公元前8000—前7000年	工艺
4	轮子（Wheel）	公元前4000—前3000年	产品
5	文字（Writing）	公元前3400—前3200年	工艺
6	青铜（Bronze）	公元前2800年	产品
7	铁（Iron）	公元前1200年	产品
8	水车（Water wheel）	中世纪初期	产品
9	三桅帆船（Three-masted sailing ship）	15世纪	产品
10	印刷（Printing）	16世纪	工艺
11	蒸汽机（Steam engine）	18世纪后期—19世纪初期	产品
12	工厂体系（Factory system）	18世纪后期—19世纪初期	组织
13	铁路（Railway）	19世纪中期	产品
14	蒸汽铁船（Iron steamship）	19世纪中期	产品

续表

序号	通用技术	时期	分类
15	内燃机（Internal combustion engine）	19 世纪后期	产品
16	电力（Electricity）	19 世纪后期	产品
17	汽车（Motor vehicle）	20 世纪	产品
18	飞机（Airplane）	20 世纪	产品
19	大量生产、连续生产过程、工厂（Mass production, continuous process, factory）	20 世纪	组织
20	计算机（Computer）	20 世纪	产品
21	精益生产（Lean production）	20 世纪	组织
22	互联网（Internet）	20 世纪	产品
23	生物技术（Biotechnology）	20 世纪	工艺
24	纳米技术（Nanotechnology）	21 世纪	工艺

人类将核心通用技术与无数关联技术结合起来，在减轻劳动和活动带来的负担和危险的同时，创建最适合技术发展的社群，并创造出各种价值。

那么，每一项通用技术是如何改变社会的？我们再次依据阿尔文·托夫勒的观点，按照农牧社会、工业社会和信息社会三个阶段分别进行分析考察。

生存的技术——农牧社会

最初，人类以狩猎采集为谋生手段，他们最早掌握的通用技术是植物驯化和动物驯化。大约1万年前，漫长的冰川期结束了，智人在诞生之后进入农牧社会。这两种技术被不断改良，直至今日仍然是我们生存的重要基础。

在狩猎采集生活中，每天能否吃饱只能听天由命。后来，人们掌握了农耕和畜牧技术，可以自主控制粮食生产和储藏。于是人口数量急剧增长，古代文明发展起来。

在最早从事农牧业的美索不达米亚，人们同时也开始冶炼矿石，他们最先使用的是青铜。公元前4000年至公元前3000年，人们发明了轮子，公元前3000年中叶诞生了文字，这种文字是刻在泥板上的楔形文字。

青铜和铁的冶炼技术的发展推动社会从石器时代迈入青铜器时代（公元前4000年至公元前1500年）和铁器时代（公元前1500年至公元前500年）。冶炼技术与金属加工技术配合，为农业和畜牧业制造出各种工具，人们同时也利用它们打造各种武器。

在古代社会，人类研发出各种技术，大部分都是为了家庭、地区或国家的生存。从表0-1可以看出，古代通用技术悉数登场之后，到了中世纪，技术的发展变得完全停滞不前。人们探究其中的原因，提出了各种不同的理论和观点，例如劳动力和资本的不协调关系、科学发现与技术没有很好地结合、技术应用范围有限、没有创造出通用性的溢出效应等。

经历了漫长的空白期之后，在7—10世纪，水车广泛普及，成为替代人力和畜力的动力源，并被应用于各行各业。到了15世纪，人们发明了大型三桅帆船，促进了大航海时代的到来。古腾堡发明了欧洲活字印刷术，这一技术于16世纪在欧洲普及，成为推动宗教改革和文艺复兴的巨大力量。

创造经济价值的技术——工业社会

工业革命始于蒸汽机的发明。然而，最初蒸汽机带来的社会变化是非常缓慢的。1675年发明的早期蒸汽机只是作为泵来抽水。一直到1784年，詹姆斯·瓦特（James Watt）发明了改良版的瓦特蒸汽机并投入实际使用，为生产现场提供动力。从被发明出来到改变社会，蒸汽机的发展经历了100多年。18世纪末，蒸汽机开始应用于各行各业，之前位于家庭或村落的生产场地搬迁到了工厂中。

蒸汽机还引发了运输革命。1830年，相距约50千米的贸易港口城市利物浦和工业城市曼彻斯特之间开通了铁路，出现了定时往返的蒸汽机车。50年后的1880年，英国铁路网的总长延伸至25000千米。海上运输方面，轮船也从木制轮船发展为蒸汽铁船，船体更大，能够运输大量货物。

19世纪末期，人们陆续发现大型油田，主要燃料从煤炭转变为石油。随着内燃机的出现和发展，发电技术不断进步，人们开始生产出大量电力，社会基础设施得到迅速扩充。汽车和飞机等新的交通工具也诞生了，围绕它们形成了庞大的产业生态系统。1908年至1927年，福特卖出了1500多万辆"福特T型车"，推动了美国的机械化进程，宣告了伴随着大量消费的"大量生产、连续生产过程、工厂"时代的到来。"二战"之后的日本，家电和汽车的大量生产和大量消费也大大增加了其国内生产总值。

工业化的进步极大地丰富了人们的物质生活。但与此同时，正如经济史学家肯尼斯·波梅兰兹（Kenneth Pomeranz）在《大分流：中国、欧洲与现代世界经济的形成》（*The Great Divergence：China，Europe，and the Making of the Modern World Economy*）中指出的那样，工业化决定了全球各国和各地区以及各阶层之间的贫富差距。也正是在这一时期，大规模工业化造成的污染和环境破坏愈加严重。基于此，人们对工业化能否带来社会的可持续发展提出了强烈质疑。

最适合个体发展的技术——信息社会

20世纪中叶出现了计算机，后来互联网得到普及，引起了人类社会价值观的巨大变化，社会开始重视个人价值观，个人价值表达逐渐取代世俗价值表达。1976年，苹果公司发售的"Apple-1"成为个人电脑的鼻祖。根据摩尔定律[1]，随着半导体

---

[1] 摩尔定律：当价格不变时，集成电路上可容纳的晶体管数目，约每隔18个月便会增加一倍，性能也将提升一倍。这一定律揭示了信息技术进步的速度。——译者注

集成度稳步提高，计算机的复杂程度和普及程度同时也会明显提升。进入21世纪，智能手机等移动终端出现爆发式增长，任何人无论身在何处都能与世界相连，人类进入了网络社会。

此后，消费者需求逐渐变得多样化。在制造业中，信息技术被应用于生产中，丰田式的精益生产取代福特式的批量生产，小批量、多品种的生产方式成为业内标准。

此外，生物技术和纳米技术的进步给能源、生命科学和电子等各工业领域带来巨大影响，再生医学和基因治疗等非常规方法也不断应用于医疗行业中。

现在，人工智能、物联网和大数据带来的社会数字化转型正在各个领域上演。

世界经济论坛创始人克劳斯·施瓦布（Klaus Schwab）在2016年表示，18世纪末以来，以蒸汽机的发明为开端的机械化浪潮是第一次工业革命，19世纪末的大量生产是第二次工业革命，20世纪70年代开始的数字化浪潮是第三次工业革命，现在正在进行的，由物联网、大数据、人工智能推动的创新将是第四次工业革命。可以说，我们正处于重新构建人类与技术关系的漩涡之中。尤其是有望成为未来新型通用技术的人工智能，它的实施和应用将成为今后的重大课题。

万物皆有光影，有正负两面，科技亦然。迄今为止我们所看到的技术革命史，同时也是一部技术功过史，这种功过是技术无

法逃脱的宿命。

在前文中提及的《第三次浪潮》中，作者事先预见到了未来社会的样态。他认为，在信息化的正负面和功过之间，当我们选择"正面"而不是"负面"，选择"功"而不是"过"时，便能够创造出理想的未来世界。

第三次工业革命浪潮将给人类带来全新的生活方式，使其得以实现的基础是各种可再生能源的利用以及全新的生产方式。与新的生产方式相比，大多数流水线生产都过时了。社会上将出现一种新的、区别于小家庭（由夫妇与未婚子女组成）的家庭形态，还有集居住和办公于一体的新型"电子化住宅"以及完全不同于以往的未来学校和企业……这些都是全新生活方式的基础。未来文明会为我们建立新的行为规范，它将摆脱第二次工业革命带来的标准化、同步化、中心化等工业社会集中化的制约，为我们开拓出一条打破能源、财富和权力集中化的道路。

如何克服技术桎梏，为创新和可持续发展开辟道路？时代要求我们充分发挥自己的聪明才智，不断开拓进取，不负智人之名。

社群是社会发展的基础

正如我们所见，随着技术的发展，人类社群在不断改变形态。古代农牧社会形成了自给自足的共同体，人们以共同体为单位来生产和储存食物。共同体成员在地理上彼此接近，他们基于地缘和血缘关系形成了社群。社群成员之间同质化程度较高，他们需要遵守村规等集体规则。

18世纪末的工业革命带来了工业社会，整个社会的分工不断细化，生产活动从传统社群中脱离出来，集中到了工厂。公司作为一种有效产生经济价值的组织而发展壮大，形成了基于企业关系形成的社群。尤其在日本，在经济高速增长时期实施的终身雇佣制和年功序列制①成为惯例被固定下来，这促成了员工对企业高度忠诚的封闭型人际关系。

20世纪80年代以来，人类进入信息化社会，个人电脑和互联网得到普及，人类开始克服地域限制，打破组织壁垒，世界各地的人们可以轻松联系到一起。

我们周围的各种事物经由互联网互相连接，形成物联网。如今，物联网正在迅速发展壮大。可以预测，未来在移动设备和可穿戴传感器的辅助之下，人类的行为和状态也将与互联网联系到一起，社会最终将发展到人联网（Internet of Human，IoH），甚至万物互联（Internet of Everything，IoE）的状态。人类使用的各种服务、生活环境、身边发生的事情、过去的记录和未来的预测都将经过数字化处理，连接到互联网上，帮助人类更好地掌控它们。

---

① 年功序列制：日本员工以资历为基础的晋升制度。——译者注

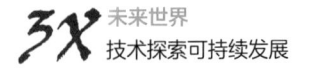
这样一来，我们似乎不再需要与人交往，一个人也可以自得其乐，自给自足，安逸地生活下去。事实果真如此吗？

社群理论的先驱者、社会学家R. M. 麦基弗（R. M. MacIver）在1917年发表的一篇论文中，将社群定义为"在一定区域内的共同生活"。这是一个包含了全部生活要素的共同体，在各个地区内自发形成。在这一概念中，地域是一项重要因素，不过这里的地域并非仅指农村或大家庭，它也可以是一个国家，甚至是整个世界。麦基弗将为了达到某一特定目的而人为形成的结合体，例如学校、教会、企业、工会等组织称为"协会"（association），以区别于"社群"（community）。

近年来还出现了不同的观点。例如，京都大学的广井良典教授将社群描述为"人们对其有某种归属感，并且其成员之间具有一定团结互助意识的团体"。这一定义不仅包含了麦基弗理论中社群与协会的双重含义，同时还隐含了人们不受地域限制，自由互联的意思。

随着信息化进程的推进，区域和组织之间的壁垒正在不断坍塌，无论是自然形成的共同体，还是人工构建的结合体，都出现了超越时空的多元化发展趋势。这是我们人类第一次有可能去构建如此美妙的未来。在这样的状况下，我们智人应该去构建新的社会联系，而不是切断联系。

人类学家长谷川真理子将"超亲社会性"作为区分人类与动物

的最大特征。发展与比较心理学家托马塞洛（Michael Tomasello）等人针对2岁幼儿和类人猿中的成年黑猩猩、成年红毛猩猩开展了相关实验。结果发现，在对物理现象的理解方面，2岁幼儿和类人猿之间并没有显著差异，但是在社会性理解方面，即处理与他人的关系方面，2岁幼儿与类人猿显示出截然不同的结果。比起类人猿，人类的社会性认知能力非常高。

人类对与他人的合作关系非常敏感，他们希望满足所有相关者。无论是意识到应该追求自身利益的成年人，还是对此一无所知的幼儿，在这一点上并无差别。从这方面来说，人类的确是超亲社会性的动物。

从牙牙学语的幼儿时代开始，人类就想要对身处困难的人伸出援手，看到有悖于正义的行为就想要予以纠正，即使这不会给他们带来任何好处。虽然其他动物也有合作行为，但利他行为却是人类独有的。正是这种人类特有的行为模式才让智人发展到今天繁荣昌盛的局面。

人与人之间的同理心和联系，并不像人类对食物和水那样，每天都有定量的需求，它们也不能像金融资产和实物资产那样转换为货币价值。然而，对于超亲社会性动物的人类来说，要生存下去，这是必不可少的重要因素。

美国政治学家罗伯特·D. 普特南（Robert D. Putnam）对意大利的地方政府和美国各州进行了比较研究，证实了在一个社会中，如果人们与他人之间存在良好的信任关系、行事遵循互惠互利原则、市民可以自由平等地参与社会事务，那么这种社会的行政管理工作会更加顺畅，市民与政府之间的信任关系会更牢固。基于这一点，他提出了"社会关系资本"的概念，将以上关系视为一种资本。

在未来，人类构建社群的关键是要最大限度地发挥社会关系资本带来的正面效应。因为它不仅可以增加社会价值，还能带来个人福祉，为我们明确生活目标。

本书旨在阐明如何灵活利用技术和社群两种手段来构建理想的未来世界。为此，第1章首先着眼于我们面临的挑战，并列出未来50年要实现的具体目标。第2章和第3章分别围绕实现目标的两种手段——技术和社群展开论述。在第4章到第8章中，具体考察实现目标的阶段和过程。

如何面对未来的

挑战

百亿人口、百岁人生的时代即将到来

目前，世界人口约有78亿，预计未来50年内将达到100亿。现在人类平均预期寿命约为72岁（世界平均水平），但未来还会进一步延长，发达国家即将迎来百岁人生的时代。人类从大约1万年前的农牧革命开始发展起来，走到今天，人类的一言一行都能给地球带来巨大影响。在地质时代划分中，甚至出现了"人新世"的说法，这充分体现出人类对地球的主导作用。在这样一个新的时代中，我们人类将构建出怎样的未来世界呢？

2015年，联合国通过了2030年可持续发展目标，并承诺"不让任何一个人掉队"。该目标由17个可持续发展目标和169个具体目标组成，现在正在逐渐推广到全世界。这些目标的实现过程一定是极其艰苦的，但是我们必须扎扎实实地努力实现它们。

在接下来的50年里，人类将迎来百亿人口、百岁人生的时代。我们要怎么做才能使未来世界更美好？笔者认为，创造美好未来的关键有两点，分别是"创新型技术"和"新型人际关系（社群）"。本书也将立足于这两点，通过多个角度展开具体论述。

技术与社群结合能够打造出社会，正如本书在前言中提到，人类利用技术和社群促进了社会的发展。可以说，过去人类经历的重大变革（农业革命、工业革命、信息革命）全部是由技术和社群的创新变革来实现的。那么，面对未来世界，我们应该在哪些方面进行创新，怎样打造新型社会？要弄清楚这一点，我们首先要重新审视人类追求的富裕应该是什么。

在近代社会，人类的发展一直以经济增长为目标。人们认为经济增长、物质充足才是富裕，于是我们集中一切资源，致力于创造更多、更高效的经济价值。结果，公司成为20世纪以来最活跃的社群。人们聚集到公司中，为了提高生产效率和生产力而不断努力。今天的经济繁荣正是他们辛勤劳作的结果。

历史发展到今天，我们是否仍然可以沿用以前的老办法来创造繁荣昌盛的未来？答案是否定的。20世纪，人们过分追求物质富裕，它产生的负面效应已经成为全球难题，人类社会的发展已经陷入不可持续的泥沼。

人类平均寿命正向100岁靠近，世界人口正在迈入100亿大关。在这种情况下，人类如果以物质富裕为目标，势必会增加水、食物、能源、矿物质等资源的消耗。这些资源都是有限的，滥用会导致资源枯竭，在此过程中还会带来环境破坏和气候变化。除了南北极冰川融化、热带雨林面积减少、生物多样性降低之外，滥用资源还会导致异常气候常态化，造成大规模的、频繁的自然灾害，给人类社会带来巨大灾难。对地球资源的消耗如果持续下去，从长远来看，人类赖以生存的基础将被破坏，人类自身的生存繁衍将受到威胁。

变味的"富裕"

1972年，由各个领域专家组成的智库组织罗马俱乐部发布了一份名为《增长的极限》的报告，给世界带来了巨大冲击。在这份报告中，德内拉·梅多斯（Donella Meadows）、丹尼斯·梅多斯（Dennis Meadows）和乔根·兰德斯（Jorgen Randers）预测，如果世界人口和工业投资继续以现在的速度和规模增长，那么100年之内地球的资源将被消耗殆尽，人类社会将达到发展极限，变得停滞不前，同时还将面临严重的环境问题。

从那时起，人类一直试图通过各种创新来突破增长的极限。然而，气候变化、不平等和社会分裂等恶劣问题（全球性社会问题）正变得越来越严重。《增长的极限》作者之一兰德斯在2012年出版的《2052》中再次对未来发出了警告。书中，生态经济学家赫尔曼·戴利（Herman Daly）认为，经济增长已经结束，目前的增长是不经济的，因为创造它的成本超过了它带来的价值。世界不但没有变得更富裕，反而变得更贫穷。财富分配不均也是经济增长的负面效应。今天，贫富之间存在巨大的鸿沟，世界上最富有的1%的人的财富超过了其他99%的人。当代贫富差距的显著特点是中产阶级收入不再增长。经济学家布兰科·米兰诺维奇

（Branko Milanovic）是研究社会差距领域的权威人士，他在《全球不平等》（*Global Inequality*）中，利用"大象曲线"形象地表现出社会收入差距情况（如图1-1）。

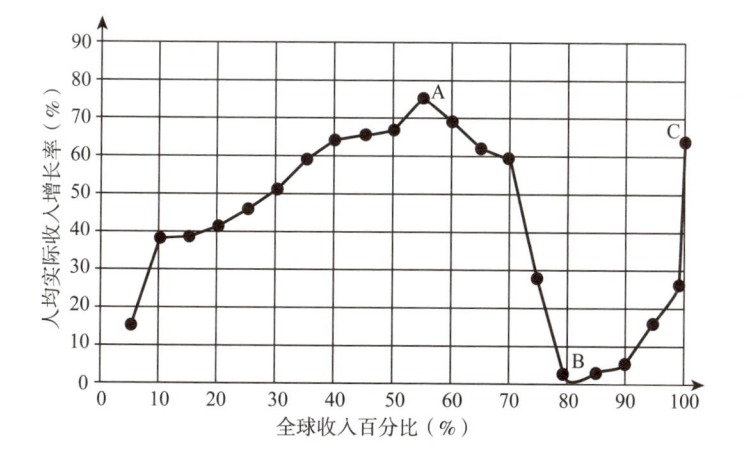

图1-1　大象曲线

图1-1的横轴显示了全球收入分布情况，越靠右的人越富有，越靠左的人越贫穷。纵轴表示1988年至2008年的20年间各阶层人均实际收入的增长率。整幅图看起来就像一只鼻子高高抬起的大象。

引人注目的是鼻尖（超富有的C点）和头顶（靠近正中的A点）的部分，以及它们与最低点B之间的落差。两个峰值群体的收入增长了70%左右，但是收入处于横轴80%附近的阶层并没有达到平均增长速度，他们的收入几乎没有增长。米兰诺维奇认为，曲线底部的群体主要是发达国家的中等偏下阶层。这说明全球化为世界超级富豪和新兴市场的中产阶级带来了财富的巨大增长，但是同时也抑制了发达国家中产阶级的收入增长，扩大了贫富差距。

坡度较缓的大象背部是收入较低的10%～40%阶层，这主要是新兴市场的中产阶级。从图1-1中可以看出，经济增长使他们的收入增加，贫困状况得到改善。但是，随着社会的发展，中产阶级数量将增长，他们也将面临与发达国家类似的问题。

如今，全球环境直面可持续发展的危机，社会差距和社会分裂现象不断扩大。在这种背景下，只要我们继续以经济增长为目标，这些负面因素就会继续增长，未来将变得一片黑暗。出于这样的设想，很多未来学家都对人类社会的前景表示出担忧。

历史学家尤瓦尔·诺亚·赫拉利在世界级畅销书《未来简史》（*Homo Deus：A Brief History of Tomorrow*）中描绘了一个两极分化的未来世界，一极是通过垄断技术和数据，成为神一样的特权阶层（Homo Deus）；另一极是像家畜一样被特权阶层统治的阶层。这是一种与美好的乌托邦社会背道而驰的社会，然而人类社会存在的一些问题恰恰说明这种社会或许真会到来。

什么是真正的富裕

经济增长与社会繁荣、个人福祉并不一定成正比，这一问题已经是老生常谈了。

日本在"二战"之后以惊人的速度完成了经济高速增长，在20世纪70年代成为世界第二大经济强国，实现了国家的繁荣。几乎在同一时期，经济学家理查德·A. 伊斯特林（Richard A.Easterlin）提出了"伊斯特林悖论"，他认为经济增长超过了某条线之后，与个人幸福感不再成正比（如图1-2）。在1989年日本泡沫经济达到顶峰时，经济学家晖峻淑子根据她在德国的生活经历，对日本的经济至上主义提出了质疑。她的著作《何为富裕》成为当时广受欢迎的畅销书。

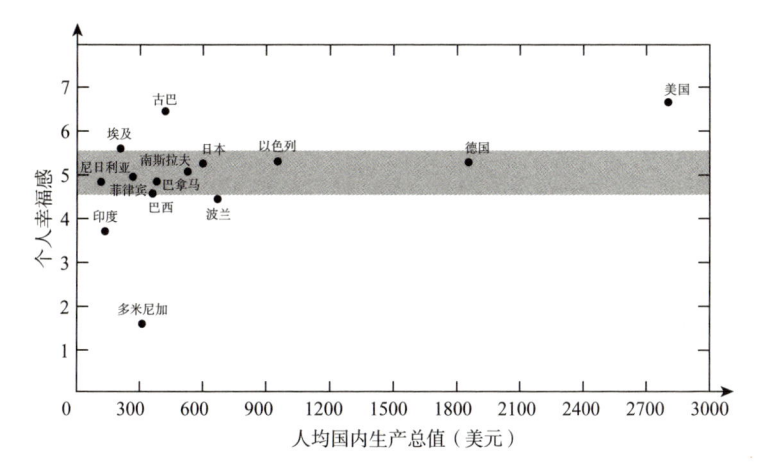

图1-2　伊斯特林悖论

晖峻淑子在书中这样描写20世纪80年代日本的社会现实：

现在驱动我们向前走的时代精神是金钱至上主义和效率至上主义，它们从何而来呢？我们的日常生活不断被加速，时代不允许我们停下来歇口气。人们或许产生了错觉，认为这种生活才是富裕。

高效竞争的社会不仅使家人分隔异地，淡漠了亲情和友情，还剥夺了人们思考的时间，我们来不及去思考人类共同的未来，以及应该如何与自然相处。

人们必须成为一名企业斗士，为经济而战，同时还要自己去想办法应对老年生活和疾病的困扰。

最初，经济活动是为了将人类从饥饿、疾病和长时间工作中解放出来。经济越发达，福祉应该越好。

然而，日本的情况却恰恰相反，人们越富裕，福祉越退步。人们为了生计疲于奔命（在发达国家中工作时间最长），成绩好的孩子才能得到更多机会，自然环境也在不断被破坏。

在这样的社会中，一个人的价值取决于他能否为社会带来经济价值。同样都是为了社会而工作，如果对经济价值贡献较少，那么这个人便很难得到社会的认可。

斋藤幸平是一位出生于1987年的经济思想家，他于2020年出版了《人新世的资本论》一书，探讨了"人新世"阶段资本主义的局限性问题。

人们利用现代化来实现经济增长，并许诺这可以带来繁荣富裕的生活。然而，具有讽刺意味的是，经济增长正在破坏人类繁荣的根基。"人新世"的环境危机已经揭示出了这一事实。

即使气候发生剧变，超级富豪仍然可以过着自由放纵的生

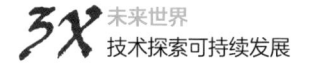

活。但是，我们大多数普通人的生活却遭到破坏，不得不想尽办法生存下去。

资本主义带来了人类历史上前所未有的技术发展，创造了物质丰富的社会。很多人都对这一结论深信不疑。不可否认，资本主义的确有其优越的一面。

但事实并非如此简单。我们必须追问："对于我们这些占人口99%的普通人来说，给我们带来贫困危机的，难道不也正是资本主义吗？"

即使是相对富裕的中产阶级，也很难在曼哈顿生活，光是高昂的房租也足以让他们劳累致死。个体经营者几乎不可能在纽约或伦敦市中心开店，这样的机会只留给大资本家。

这真的叫富裕吗？答案是否定的。对许多人来说，这是一种贫困。是的，资本主义是一个不断制造贫困的社会体系。

无论晖峻淑子还是斋藤幸平，他们的作品都反映了过去30年全球化进程下的社会，不同点是前者关注的是日本社会，而后者关注的则是国际社会。尽管关注对象有所区别，但他们的问题意识却都超越了时代的局限，具有共通性。

在强势的经济发展理论之下，无论是经济增长还是相关的技术创新，都成为提高社会繁荣和人类价值的有效手段，人们自然也认可了此类企业的存在。但是，人类的价值并非只能还原为生产性价值。感受自然、品味文化、享受人生，以及与他人和社会之间相互包容、感恩、关爱、尊重，这些难道不是最普遍的、本质的人性吗？

从这一角度来看，经济增长只是致富的一种手段，它能够从多个方面影响人类和社会，包括产生贫富差距、生命伦理问题等。

什么是真正的富裕，如何实现"人的"富裕？这是一个古老而又常新的课题。如果现在我们人类不发挥智慧，拿出技术和社群这两大法宝，直面问题，认真解决问题，那么就无法创造出适合百亿人口、百岁人生时代的新未来。

本书致力于为人类提出具体解决方法，实现美好的理想未来，但是在此之前，我们需要对"富裕"进行重新定义。因为如果不这样做，而是继续沿用既有理论推进技术与社群发展的话，我们恐怕无法对未来做出正确的解读。

陷入"富裕误区"的未来

如果我们继续像以前那样，优先考虑经济增长，那么未来仍将处于现在的延长线上。这样的未来是一幅怎样的图景呢？在本节内容中，笔者将从"技术""社会""环境"三个方面对经济至上主义背景下的未来进行考察。

（1）技术创新带来新差距和新矛盾

经济领域的技术创新是由企业主导的。尤其是以美国的GAFA

［谷歌（Google）、苹果（Apple）、脸书（Facebook，现已改名为"元宇宙"）和亚马逊（Amazon）四家公司的英文首字母缩写］、中国的BAT［中国三大互联网公司百度（Baidu）、阿里巴巴（Alibaba）、腾讯（Tencent）的英文首字母缩写］为代表的大型平台和跨国公司，它们垄断了技术和数据，变得越来越强大。如果国家权力强大，那么它与实力强大的企业平台合作，会进一步加速社会中心化。

在《零边际成本社会》（*The Zero Marginal Cost Society*）中，社会评论家杰里米·里夫金（Jeremy Rifkin）预测，如果技术进步使生产力达到最大化，那么创造新产品和服务的成本（边际成本）将接近于零，所有产品和服务将免费，并且人人共享，但它的前提是在合理竞争的情况下。如果企业平台垄断了创新技术和数据，那么商品和服务的价格可能会保持在高位。

医疗领域也将不断引进创新技术。预防医学和先进的治疗手段使人们变得更加健康长寿。但是在日本，这种先进的医疗技术在实施初期不可避免会带来高额治疗费用，并且这些费用被排除在医疗保险之外。当只有富人才能享受到这种足以左右生死的优质医疗资源时，人类在生命价值方面也会产生新的不平等。除此之外，涉及生命本原的基因疗法将带来生命伦理方面的难题。

机器人工程学与生命工程学将逐渐交叉融合，人们可以像指挥自己的身体一样远距离控制机器人。人类还将开发出包括机械假肢在内的各种精密人工假体，生物体与机械的界限变得更加模

糊。人类具备了极大地增强人体功能的潜力，然而，就像先进的
医疗技术一样，这也是只有富人才能独享的好处。另外，军人或
警察等职业对个人身体素质有一定的要求，政府为了执行任务的
便利，可能会无视他们本人的意愿，利用机械化手段强制性提高
他们的身体机能，这可能会引发社会冲突。

（2）社会出现分裂，变得不稳定

创新技术的不断发展和普及，将通过各种形式消除地理因素
对社会活动的影响。

随着物流作业的高度自动化，以及自动驾驶汽车和无人机的
广泛应用，在全球范围内将形成一个巨大的无人化商业配送和物
流网络，该网络覆盖从产品订购到交付的整个过程。随着虚拟现
实（VR）、增强现实（AR）等信息技术和5G大容量高速通信系
统的普及，人们开始在虚拟空间中享受旅游、体育运动、游戏等诸
多休闲娱乐服务。在医疗领域，身处偏远之地的人可以接受来自城
市医院的远程手术。在教育领域，孩子们可以居家在线上课。

此外，远程办公和线上会议应用更加广泛，无人化生产线、
重型机械的远程控制和3D打印获得普及，公司的办公地点更加分
散，人类的工作不再受到地点的限制。但是，这种技术只掌握在
少数大企业手中，它们带来的好处仍然只有富人才能享受到。这
种情况将导致社会差距进一步扩大，产生社会分裂问题。

人工智能和机器人将代替劳动力，中产阶级的工作被机器取

代，失业者数量不断增加。富人和其他人之间的两极分化将愈发明显，社会动荡加剧。如果经济差距进一步扩大，人们或许会要求国家重新分配财富。在这种情况下，国家的社会保障费用将上涨，公共财政会受到挤压，国家也将变得不稳定。

同样，在国际经济贸易中，由于业务流程实现了自动化和无人化操作，所以发达国家的企业会将位于国外的制造和物流据点撤回国内，同时保护国内市场。这会导致发展中国家失去发达国家这一海外市场，经济增长乏力，拉大与发达国家之间的差距。同时，跨国公司在低税率国家避税，导致高税率国家遭受利润损失，全球巨头公司成为国家财政风险的一大原因。

随着部分国家将科技创新提升为国家战略，它们不断崛起，国家之间的技术竞争将在大范围内被激化。大国之间的力量平衡被打破，国际局势变得不稳定。

（3）环境负担加重，围绕资源的国际冲突加剧

为了应对气候变化与加强生态环境保护，国际上会推行一系列环保政策，发达国家向发展中国家提供相关的技术援助。但是，这些政策不具备强制性，在经济优先的逻辑下，从全球整体上看，提升能源转换和使用效率的行动举步维艰。

发展中国家人口将持续增长，使城市规模不断扩大，人们对自给自足农作物的需求增加，再加上经济作物出口数量的攀升，导致农业用地面积逐渐扩大。这使得人们不断毁林开荒，森林的

破坏程度进一步加剧，生物多样性受到影响，森林固碳量减少，温室气体的排放量自然会持续增加，导致气候变化。这些都给人类社会和经济带来更加严重的影响，这些影响包括灾害的频率和规模加剧，以及可供人类活动的区域发生变化等。

人口增长将增加人类对食物、水、材料、矿产资源的需求。但是，如果国际的对立态势导致人们难以相互支援，那么国家间围绕资源的冲突将成为常态，国际社会的不稳定性将进一步加剧。

图1-3总结了未来世界可能出现的各种问题。

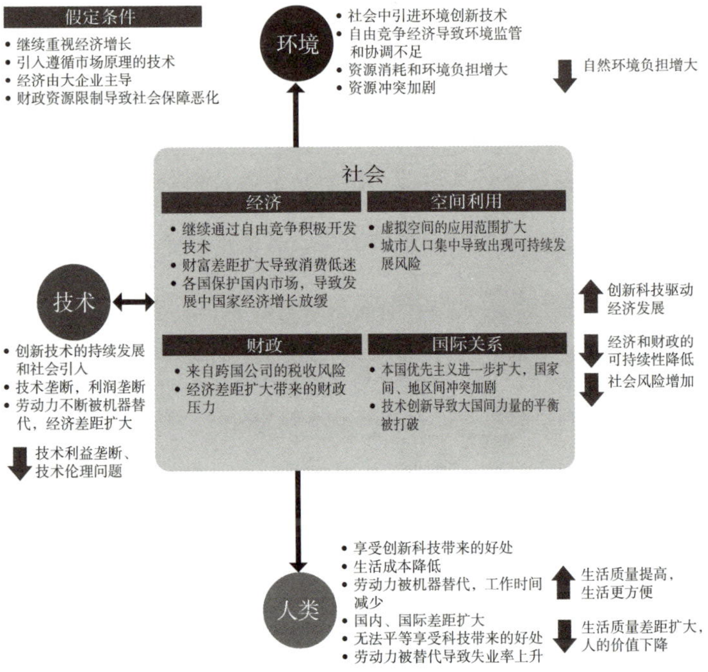

图1-3　未来世界的各种问题

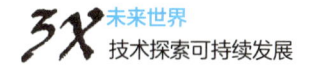

"人的"富裕的两大支柱

在未来社会，创新技术不断发展的同时，社会分裂和社会差距也在不断扩大，不可避免地导致各种意义上"人的意义"正在丧失。

未来虽然医疗技术高度发达，但是有的人可以享受到优质的医疗服务，有的人却享受不到，于是在享受医疗服务方面出现两极分化现象。这样一来，人们理应平等享有的生存权就出现了等级差别。人工智能和机器人代替了劳动力，人们很难从劳动中找到生存意义和幸福感。与此同时，地区和企业等的社群关系弱化，越来越多的人丧失归属感。数字化社会为人们的生活提供更多便利，许多商品和服务的价格都降低了，但是，人们对物质的满足感最终会达到极限，越来越难以从物质享受中感受到幸福。随着幸福感和归属感的丧失，人类的自杀率和犯罪率都将上升。

技术创新带来了经济和社会方面的差距和不平等，这将致使本国优先主义思想抬头，引发社会分裂和对立。此外，气候变化使灾难和传染病频发，影响范围进一步扩大。整个社会的安全将受到威胁，人类行动可能会受到严重制约。

要阻止人性的丧失，我们人类不能仅仅着眼于经济发展，更要以"人的富裕"为目标。每个人都能保有并发挥出人性的光辉，这才是我们的理想未来。此外，我们还必须保证社会安全可靠，保护多样化的地球环境，这是我们生存的基础。换句话说，"个人福祉"和"环境与社会的可持续性"要协调发展，这是实现充满人性光辉的繁荣未来的支柱。

从联合国可持续发展目标可以看出，我们要从"量的发展"转变为"质的成熟"，现在就要转变人们对富裕的理解。同时，我们还要认识到，部分国家仍然需要从经济量的方面谋求富裕，我们要认真想办法纠正差距，以应对全球日益严重的贫困问题。

个人福祉

"well-being"一词最初出现在1948年《世界卫生组织宪章》的序言中，意为"良好的身体、精神和社会状态"。现在，它被赋予一个更广泛的概念，其中包括了人类的生活质量和幸福感。

经济合作与发展组织（OECD）在2011年公布了"美好生活指数"（Better Life Index，简称BLI）（如图1-4）。它包含多项具体指标，包括收入和财富、住房、就业和工作质量、健康状况、教育、环境质量、主观幸福感、安全感、工作与生活平衡、社会联系、公民参与等，以往不受重视的个人主观幸福感也被纳入了考察范围。在这里，我们可以将经合组织37个成员国加上巴西、俄罗斯、南非三国，就美好生活指数进行一番比较。

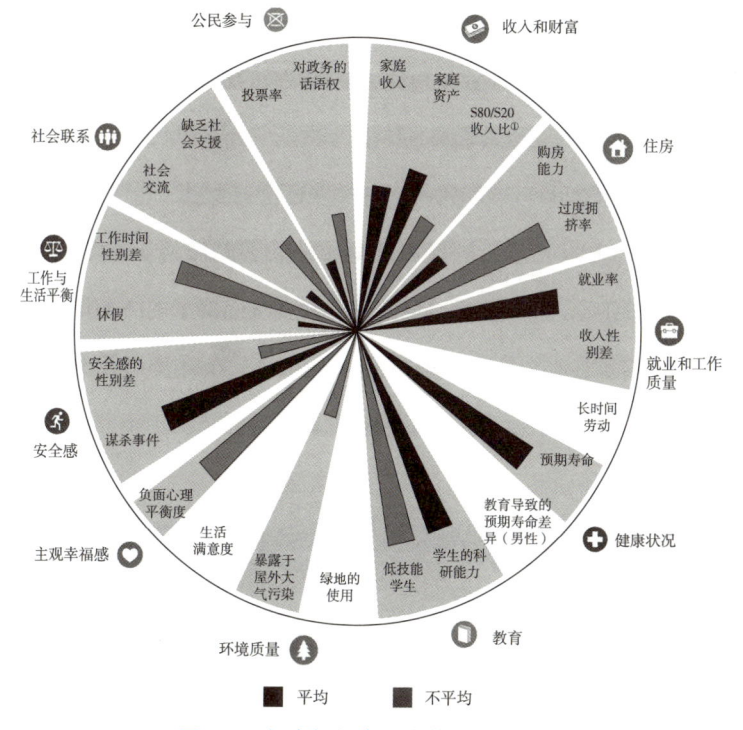

图1-4 经合组织幸福指数（日本）

注：上图显示出日本与其他经合组织成员国相比，各项幸福指数的相对优势和劣势。线条越长，表示越好于其他国家（幸福感更高）；反之，线条越短，表示越差于其他国家（幸福感较低）（带星号的是消极负面项目，因此它们的线条越长，表明幸福感越低）。灰色表示不平等（上下层等级差距、集团间差异、低于贫困剥夺阈值②），白色表示缺乏数据。

从数据来看，日本的预期寿命在经合组织成员国中最高，就

① S80/S20 收入比：20% 低收入与 20% 高收入群体的收入比。——译者注

② 贫困剥夺阈值：衡量免受饥饿、疾病等困苦的基本可行能力被剥夺而导致贫困的指标。——编者注

业相对于其他国家也比较稳定，但个人的社会联系较少，主观幸福感相对较低。参考以上全球性议题，本书围绕未来可能丧失的人性问题，从以下三个因素来定义福祉。

第一个因素是"健康"。健康是福祉的基础，这一点不言而喻。不过，此处的健康不只是身体没有疾病，还指无论年龄或身体状况如何，人都可以在一生的各个阶段充分发挥身心的潜在能力。陆续投入应用的创新技术将帮助我们实现这一目标。与此同时，我们还要构建合理的文化和制度，使社会接受和包容新技术带来的新生活方式。

第二个因素是"与他人的联系"。建立在地缘、血缘以及企业关系上的传统社群从整体上正在不断衰落。当然，也有少数例外，例如超级富豪居住的封闭社区和全球华人社区等，这类建立在地缘等关系上的社群未来还会扩大。从整体上说，无国界化的发展使国家和政府的角色发生变化，人类价值观更加多样化，各种制约进一步减少，数字化的发展催生出无数跨越了现实空间和虚拟空间的新型社群。随着技术的进步，不仅人与人之间，甚至是人与动植物之间也会出现超越物种的联系。但是，如果没有合理的社会制度作为保障，那么只有少数特权阶层才能享受到数字化带来的好处。维持社会整体的良性联系，不仅要依靠技术的进步，还必须积极进行社会改革，建立合理的机制，减少孤立和孤独问题。

第三个要素是"自我实现"。将来人工智能和机器人会逐渐替代劳动力，医疗技术将帮助人类实现健康长寿，未来人类将拥有更多的空闲时间。如果我们能够将时间投入专属人类的创造性活动中并实现自我价值，那么个人的幸福感将大大提升。未来，我们的人生将不再是传统的"青少年时期接受教育→中年就业工作→老年生活"这种单行线，而是在学习和就业之间自由切换的多轨生活方式。人类在人生的所有阶段都能够充分发挥个人潜能，享受到丰富的人生。

只有同时满足健康、与他人的联系和自我实现这三大因素，才能达到真正的"人的"富裕，这也是未来50年内我们所追求的目标。

环境和社会的可持续发展

在实现"个人福祉"的同时，我们还必须确保环境与社会的可持续发展，这是一项艰巨的任务。

为了抑制全球变暖，需要控制工业化以来的人为二氧化碳累积排放量。按照政府间气候变化专门委员会（IPCC）的观点，如果要求有66%以上概率达到《巴黎协定》的目标（把全球平均气温升温控制在工业化前水平以上低于2摄氏度之内），则需要将2011年以后的人为二氧化碳累积排放量减少到10000亿吨左右（如图1-5）。如果要求有50%概率达到要求，即将气温升幅限制在1.5摄氏度之内，那么只能允许排放5800亿～7700亿吨二氧化碳。然而，根据国际能源署（IEA）的预测，仅维持各种设备和基础设施的运行，人类也将累积排放7500亿吨二氧化碳。换句话说，仅现有的基础设施就能用掉大部分的剩余碳预算。

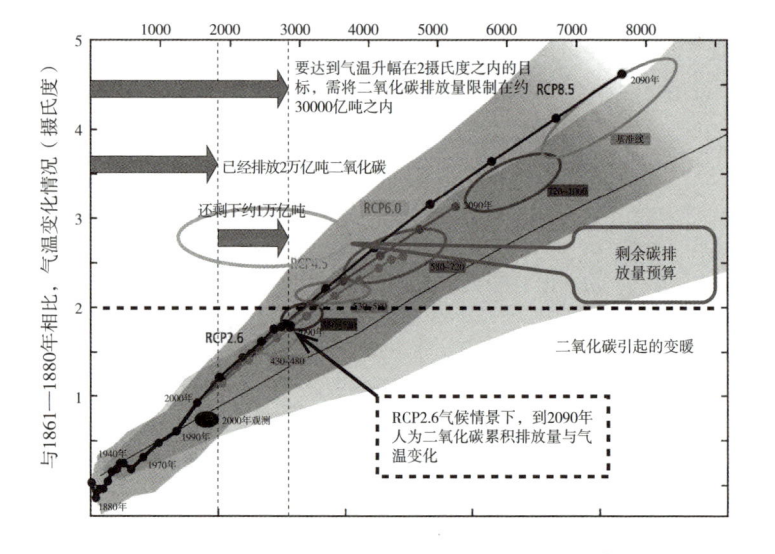

图1-5　1870年以后人为二氧化碳累积排放量（Gt[①]CO_2）

注：在升温限制在2摄氏度内的前提下进行开发。

气候变化不仅会导致农作物减产，还会降低农作物的质量，威胁人类粮食的稳定供应。同时，自然灾害的规模和频率都会增大，人类赖以生活和栖息的地域将越来越狭小。新冠肺炎等传染病大流行的风险也将增加，人类社会活动会受到严重限制。

"生态足迹"是衡量能源消耗造成环境负荷大小的指标。人类的衣、食、住、行等生活和生产活动都需要消耗地球上的资

---

① 　1Gt=10 亿吨。——译者注

源，并且产生大量的废弃物，生态足迹就是用土地和水域的面积来估算人类为了维持自身生存而利用的自然的量。全球生态足迹在1970年超过了地球的环境容量（生态承载力），到了2016年，生态足迹达到205亿全球性公顷之多，大约相当于生态承载力的1.69倍（如图1-6）。地球从50年前就一直处于不可持续发展的状态。

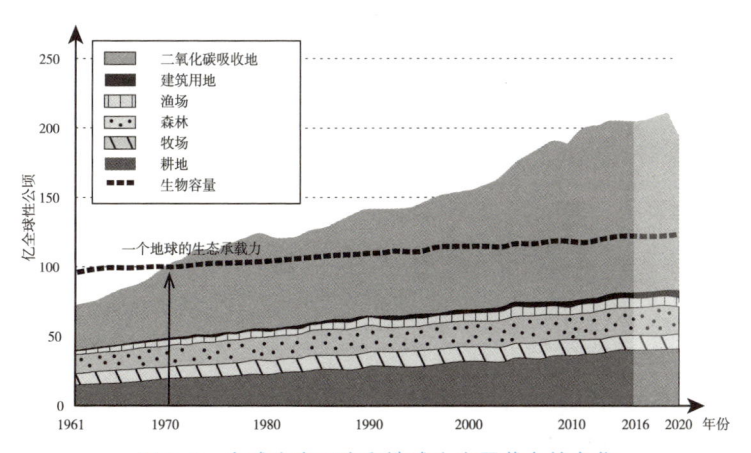

图1-6　全球生态足迹和地球生态承载力的变化

要使地球恢复到可持续发展状态，必须摒弃大规模生产、大规模消费、大规模废弃的社会发展模式，使资源消耗回归到"一个地球"可以承载的程度。但是，如果为了做到这一点，我们不得不放弃舒适和便利的生活，那将是时代的倒退。因此，我们要充分利用创新型技术，在改善生活质量的同时，改革经济和社会机制，转变生活方式，构建环境友好型社会，实现可持续发展。

2020年，时任日本首相菅义伟在10月的施政演说中宣布，到

2050年日本要将温室气体净排放量减少到零，实现碳中和。放眼全球，截至2021年1月20日，有124个国家和地区支持在2050年之前实现碳中和。我们必须致力于与世界合作，共同实现人类发展目标。

全球可持续发展的另一个重要内容是，要准备好应对自然灾害、传染病或其他社会风险。即使在风险较高的时期，也要保证社会活动和人们的生活能够正常进行。这种安全感可以有力保障社会的可持续发展。

在世界经济论坛2021年1月编制的《2021年全球风险报告》（*Global Risks Report 2021*）中显示，未来10年内最有可能发生的全球性风险中，前三位均为环境问题，它们分别是"极端天气现象""气候变化应对（缓解与适应）失败""人为导致的环境破坏"。第四位是"传染病"，第六位以后分别是"数字信息权力集中（偏差）""数字信息不平等""国际关系紧张""就业和生活危机"等与社会分裂、社会等级差距相关的问题。

环境问题是关系到人类生死存亡的重大问题，新冠肺炎疫情进一步加剧了社会不平等现象，动摇了人们生活的稳定。如果这些社会问题得不到解决，我们就无法着手去解决环境问题。

建设理想未来世界的五个目标

为了实现个人福祉，同时保证环境与社会可持续发展，我们

未来世界
技术探索可持续发展

需要制定一些具体的长期目标。

为了防止未来社会出现人性缺失问题，同时也为了实现个人福祉，我们需要做到以下三点：保持健康的体魄，充分发挥身心潜能；尊重个体多样性，保持人与社会的交往；创造新的价值，注重自我实现。同时，为了保证我们的子孙后代也能平安生活在地球环境中，有生活和活动的安身之所，我们还需要做到：提供安全保障，赋予社会更多的安全感；确保地球的可持续发展。

为了实现富裕的、可持续发展的社会，我们提出了以上五个目标，它们是建设理想未来世界的必要条件（如图1-7）。

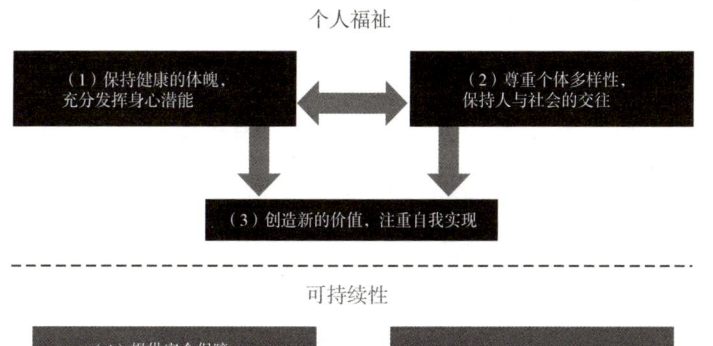

图1-7 实现理想未来世界的五个目标

（1）保持健康的体魄，充分发挥身心潜能

我们要创建一个不会产生经济与社会等级差距，可以平等享受创新科技成果的社会。

我们要引入疾病预防、超早期发现、远程医疗、人体增强等新技

042

术，建立新型医疗基础设施，使每个人都能充分发挥身心潜能，过上健康的生活。还要改革社会保障制度，提升制度的可持续发展性。

（2）尊重个体多样性，保持人与社会的交往

我们要通过通信技术的发展，打造一个尊重个体多样性、尊重地域特性与地域文化的社会，保持并促进人与人、人与社会的交往。

虚拟空间的扩展和通信技术的进步将极大改变人与他人交往的形态，让每个人在一生中都与他人保持充分的交往，通过合作提高社会整体的活力。社会不会孤立"社交弱者"。

（3）创造新的价值，注重自我实现

随着新技术的不断应用，劳动力将被人工智能或机器人取代，人们在虚拟空间的活动增多，出行机会减少，这为我们节省了大量时间。我们要利用这些时间，根据自己的能力和意愿，通过各种形式感受和实现自我价值。

人类与人工智能、机器人之间不是竞争关系，而是协作关系。我们要从事只能由人类来做的事业，发挥人类特有的价值。我们要合理分配新技术为我们节省的时间，积极利用其带来的附加价值，自由创造多样化价值，实现自我价值。

（4）提供安全保障，赋予社会更多的安全感

我们要未雨绸缪，对现有风险以及未来将发生的新风险做好充足防范，建立一个让人安全放心的社会。

地球环境迅速变化导致发生自然灾害和传染病的风险骤增。

此外，由于虚拟空间的迅速扩张，使得网络攻击、隐私侵犯等新风险成为新的社会问题。针对这些新的风险因素，我们要行动起来，为人们提供安全保障。

（5）确保地球的可持续发展

我们要致力于实现地球资源的收支平衡，保证子孙后代也能享受到地球的美好生活。我们要改变现状，不能为了眼前的经济发展让子孙后代为我们买单。我们要在"一个地球"可以承受的限度内开发资源，谋求发展，使子孙后代也能继续享受地球的美好生活。

这五个目标并非各自独立、互不相干，而是密切联系在一起。个人如果能保持健康体魄，就可以选择更好的工作和生活方式，实现自我价值。人与人之间、人与社会之间保持良好交往，有助于个人身体健康和自我价值的实现。良好交往可以让人们通过互帮互助改善社会差距和社会分裂，提高个人的安全保障。如果个人福祉得到保障，人们便有更多时间参与社会活动，从事环保事业，促进社会的可持续发展。同样的道理，如果人们重视安全，增加安全举措，就有利于维护社会稳定，构建充满希望的未来。以上五个目标在实现过程中会互相产生积极影响，最终帮助我们实现理想的未来世界。

最大限度实现人与自然的价值

除此之外，还有重要的一点：五大目标的实现将有助于恢复和提升人类和自然的本来价值。如前文所述，如果我们不采取措施维持环境与社会的可持续发展，只重视经济增长，将导致人和自然的价值遭到破坏。

这些价值包括人类的健康、智慧和社会属性，以及自然界中的高山、大地、海洋，和栖息于其中的生物的多样性等。以上五个目标能够帮助我们找到新的经济活动模式，体现人与自然的本质，最大限度地实现人与自然的价值（如图1-8）。

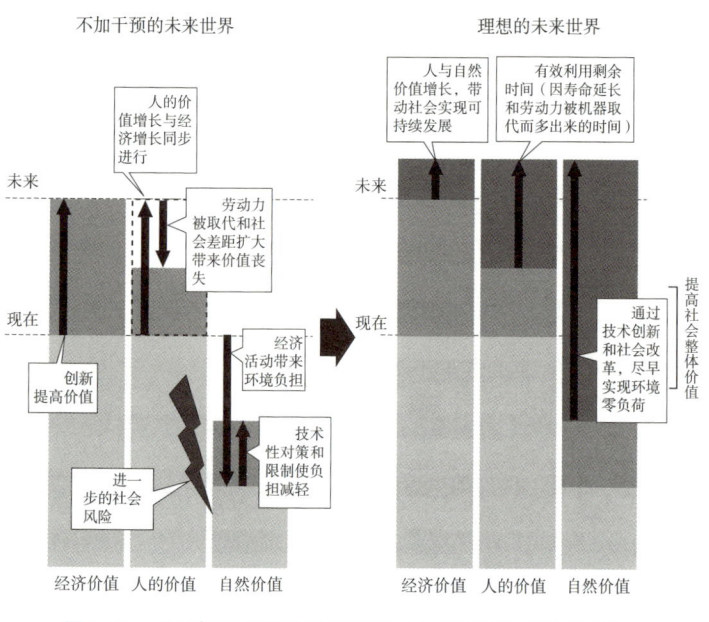

图1-8　"不加干预的未来世界"与"理想的未来世界"
之间的社会价值对比

人与自然的价值重新回归，或者重新被创造出来，也会对经济价值产生积极影响，从而极大提升社会的整体价值。

走向分散自治与合作共赢

要同时实现五大目标，形成社会发展的良性循环，就一定要重新审视并改革现有的社会机制和社会运行方式。

其中的关键是社会发展模式要转变为"分散自治与合作"。近代以来，社会在"中心化"的驱动下向前发展。在经济至上主义的影响下，人口和社会基础设施都集中到大城市，于是工业企业大规模集中，权力中心化和金字塔形的社会等级制度得到进一步加强，人们可以大规模生产、大批量提供相同规格的产品。规模化生产和权力中心化带来了极高的效率，社会实现了经济增长。

然而，理想的未来世界追求的不是量的增长，而是质的成熟。人类即将迎来百亿人口和百岁人生的时代。为了创造可持续发展的繁荣社会，我们必须迅速转变社会发展模式，由集权转向分权，由竞争转向合作。

新冠肺炎疫情暴发之前，我们的社会体系一直被认为是非常合理的。然而，新冠肺炎疫情使社会体系暴露出脆弱的一面。人们正在积极寻找后疫情时代的新常态，企业不得不重新审视中心化的商业模式和供应链模式的弊端，个人的工作方式和生活方式也不可避免地出现了多样化倾向。

这一切得益于在线通信等数字技术的加速传播。数字技术很轻松地将不同地点的个体联系起来，极大地扩展了个人自主活动的区域。人、社群自由联系起来，人们通力合作共同创造价值。这一点在今后将变得越来越重要。

一个社会如果只追求经济利益，那么一旦出现突发事件便很难灵活应对，社会原有的功能很容易受到影响，难以正常运转。新冠肺炎疫情既是挑战，也是机遇，它为我们提供了一个转型的契机，我们必须使社会转变为分散自治与合作共赢的网络型社会。

这种转型并不容易，我们要在达成五大目标的同时，从整体上对社会进行改造升级。从下一章开始，我们将介绍创新技术与新型社群，这将是实现未来理想世界的有效手段。

第 2 章

3X ——创新技术
带来的革命

3X引领的社会变革

　　创新技术将给人类、社会和地球带来巨大改变。在今后的50年中，尤其值得注意的是在数字、生物和通信这三大领域利用创新技术带来的社会变革。我们将其命名为"3X"，并认为它们是创建未来社会的强大驱动力。

　　众所周知，数字领域不断涌现的创新技术带来了社会变革，这被称为"数字化转型"（Digital Transformation，简称DX），它正在深刻地改变着我们的商业和生活模式。同样引人注目的还有人类健康、农业与自然、动植物等生物领域的科技进步带来的变革，它们被称为"生物转型"（Bio Transformation，简称BX）。在数字领域与生物领域交叉融合的新领域，人们正在积极研究梦幻般的神奇技术，例如无须语言媒介的心灵感应、与身处异地的人拥有相同的感受等，这些创新技术改变的是人们的交往方式、交流形式，可称其为"沟通转型"（Communication Transformation，简称CX）（如图2-1）。

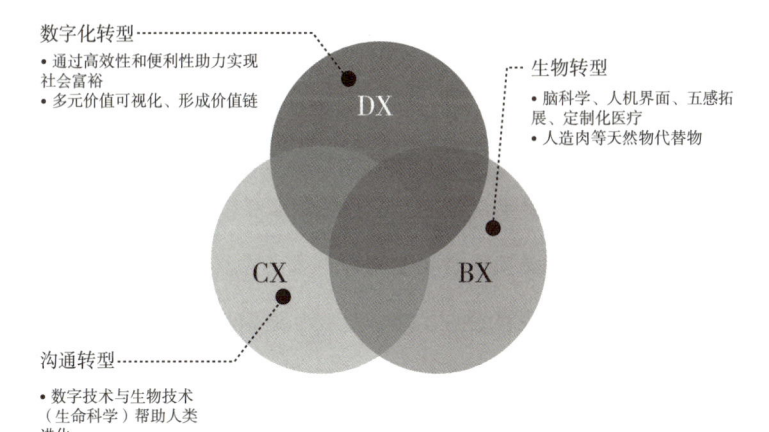

图2-1　改变人类与社会的3X

3X具备强大的能量，它超越了人类现有的价值观，创造出符合新时代特点的新价值和新交往方式。3X能够提高每个人的自律性，将人类提升到未知的新阶段，它给我们的生活、社会基础设施带来变革的同时，还将帮助社会打造出新的产业。

但是，如果在没有任何准备的情况下，贸然引入这些新技术，将很有可能加速社会分裂，导致人际关系更加疏离。随着新技术不断应用于社会，在生命形态方面，我们还将遇到各种敏感的伦理问题。我们能否全面看待问题，创造出更具创造性、更繁荣，能使所有人都受益的美好未来？人类的意志正在经受各种考验。

DX浪潮从企业传播到整个社会

DX是利用数字技术（如大数据）进行的社会变革。DX的核心技术主要是人工智能、物联网、区块链和通信的相关技术。除此之外，量子计算机和机器人等创新技术也将对未来社会产生巨大影响，因此本书也将它们列入DX行列中。

人工智能已经应用于社会各个领域，深入我们的日常生活中了。但是，现在我们使用的人工智能是专用人工智能，应用领域受限。将来，我们要开发出应用范围更广、可以独立思考并做出判断，具有自主性的通用人工智能，并将它们推广到社会中。

机器人领域同样如此。随着传感器与执行器的优化，机器人与人工智能、物联网结合在一起，功能将得到进一步提升，从专用机器人进化成通用机器人。如果先进的人工智能和机器人技术得到普及，人类就可以从烦琐的工作中解放出来，发挥人类独有的能力（更深刻的思考力、更广阔的想象力和更可靠的判断力），去从事更适合人类的工作。

在未来，传感器将覆盖我们的整个生活空间，每个人的生活日志（生活和体验的记录）都将全部被保存下来。在数字化转型中，我们不仅要引进数字技术，提高企业生产力，改变业务模式，还要利用数字技术进行新的业务转型，使其演变为一种创造性活动，例如利用数据使每个人的多样化价值进一步可视化，利用各种数据创造新的社会财富等。DX是未来理想世界的基础。

DX凭借各种尖端技术为人类带来多种可能性，这些关键技术列举如下：

人工智能——全方位支持人类活动

今天，各种专用人工智能在社会上大显身手，它们能自动回复顾客的咨询，超市采购货品时能帮助工作人员详细预测出畅销商品，通过人脸识别自动控制住户进出住宅等。除此之外，人们还在开发能够自行收集信息，灵活应对各种问题的通用人工智能，据说它们将在21世纪后半叶被开发出来。

目前，人工智能的认知模式主要是"监督学习"，即人类给出大量学习数据（教学数据），使人工智能学习这些数据资料。但是，不同领域有不同的知识，准备这些数据资料是一项很大的工程。很多情况下，即使准备好了，将这些数据转换成人工智能可以学习的形式也需要巨大的成本。未来，"半监督学习"（只需要少量标注数据就可以学习）和"无监督学习"（不需要标注数据就可以学习）的技术将会得到发展。此外，人们正在研究一些更高效的学习技术,包括"迁移学习"(已经学习好的模型参数迁移到新的模型来帮助新模型学习)和"元学习"(学习如何学习的方法)等。

当我们把生死攸关的重大判断(自动驾驶、医疗诊断等)交托给人工智能时,如果人工智能是一个彻头彻尾的"黑盒",它是无法胜任这项使命的。如何让人工智能的判断能够被人类所理解,这一点对于它的应用来说至关重要。在这方面,人们针对"可解释的人工智能"(Explainable AI)这一课题在全球范围内进行了大量讨论。

然而,即使技术不断进步,只要人工智能没有自主意识,就离不开人类的辅助。尽管人工智能将不断替代人类劳动力,但是最终它并不会完全取代人类,而是与人类合作完成任务。

根据人工智能进入社会的时间表,我们预测专用人工智能将在2030年之前全面渗透我们的生活。例如,公交车和出租车利用人工智能进行自动驾驶;人工智能根据可穿戴设备收集的人体数据(生命体征),为我们提供疾病预防信息等。

2050年以后,将出现能够代替人类思维,自主进行发明创造的通用人工智能。它们不像今天企业引入的机器人流程自动化(RPA)那样,只能代替人类从事简单的工作,而是深入企业活动中,提供从业务规划、产品设计到管理决策等一系列服务(如图2-2)。

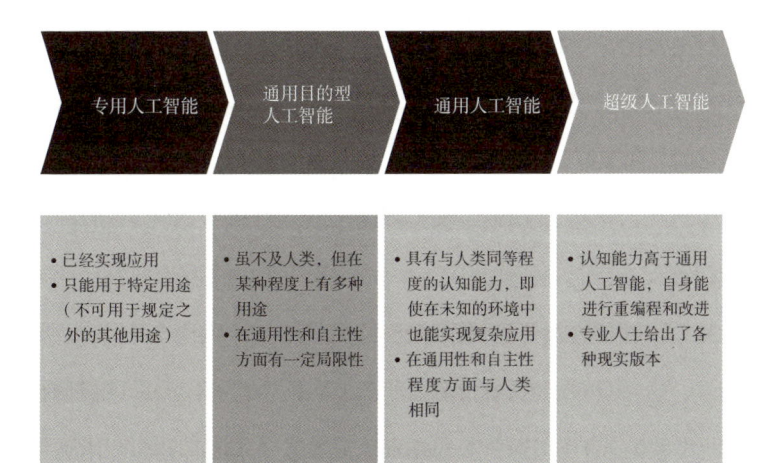

图2-2　人工智能的发展阶段

万物互联——生成人与城市的大数据

如今，无论汽车、住宅还是企业设备、家电产品，我们的生活设施都搭载了传感器，接入到互联网中，世界万物都联系在一起。随着万物互联技术的发展，人们可以获得更多的数字信息，并且它们的种类和数量都在急剧增长。每天不断产生的各种大数据广泛应用于各行各业、政府部门和人们的生活中，数据正在成为推动社会进步的力量。

在2070年之前，传感器不仅将搭载在特定的设备上，还将覆盖人们的整个生活。每个人的生活记录，以及城市、生活空间和环境的信息都将被保存下来，人类世界实现真正的万物互联。人们通过可穿戴设备随时记录生命体征（心率、体温、血压等），还能将所有活动信息（去哪里、和谁交谈、穿着什么、买了什么等）都保存下来。这也将催生出保存和利用这一庞大数据的新型产业（如图2-3）。

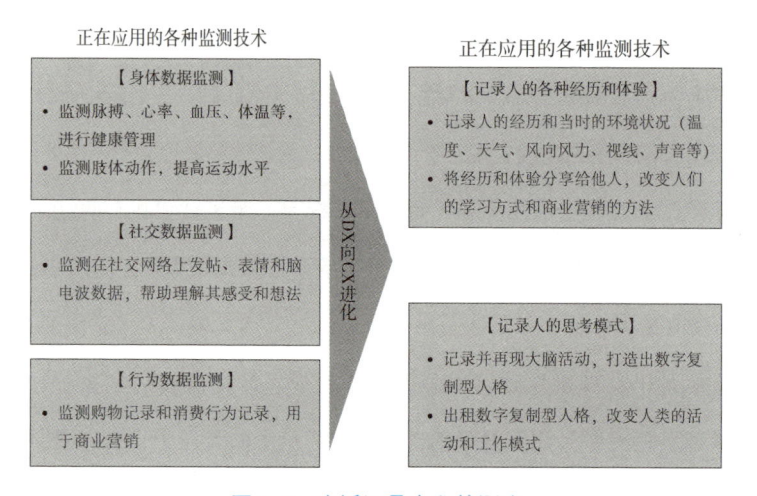

正在应用的各种监测技术

【身体数据监测】
- 监测脉搏、心率、血压、体温等，进行健康管理
- 监测肢体动作，提高运动水平

【社交数据监测】
- 监测在社交网络上发帖、表情和脑电波数据，帮助理解其感受和想法

【行为数据监测】
- 监测购物记录和消费行为记录，用于商业营销

从DX向CX进化

正在应用的各种监测技术

【记录人的各种经历和体验】
- 记录人的经历和当时的环境状况（温度、天气、风向风力、视线、声音等）
- 将经历和体验分享给他人，改变人们的学习方式和商业营销的方法

【记录人的思考模式】
- 记录并再现大脑活动，打造出数字复制型人格
- 出租数字复制型人格，改变人类的活动和工作模式

图2-3　生活记录产业的诞生

万物互联还将帮助人类在虚拟空间中再现整个城市，这就是数字孪生。在现实的城市空间中无法开展的操作，都可以利用数字孪生进行模拟。在对人类活动和城市运营进行可视化操作、分析预测自然灾害和传染病风险方面，这种技术也可以大展身手。

量子计算机——创新的王牌加速器

量子计算机是节省能源且能实现高速运算的下一代计算机。经典计算机处理信息的基本单位是比特，它只能取0或1中的一个值。但是量子计算机处理信息量的基本单位是量子位或量子比

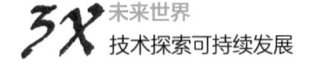

特，它是0和1的叠加态，量子比特可以同步进行大量计算。因此，量子计算机可以显著提高计算速度。

量子计算机有望应用于量子化学、机器学习、结构/流体分析、金融计算和密码分析等需要大量计算的领域。同时，在新型材料和药物的研发、综合大量数据迅速做出判断的人工智能、最大限度抑制市场风险的金融投资组合领域，量子计算机也大有可为。

然而在社会应用方面，目前的情况是，量子计算机在算法、软件开发、架构、电子工程、量子比特等各个层面都存在很多问题（如图2-4）。

量子计算机大致可以分为退火型量子计算机和门型量子计算机。两者都利用了量子的性质，它们的不同点在于，前者是一种专用量子计算机，只用于处理组合优化问题，而后者是通用量子计算机。社会上已经出现了商用的退火型计算机，并且在企业中有一些实际应用的例子，但门型量子计算机的普及也许要等到2050年前后。

图2-5展示了不同算法的量子计算机未来的发展方向，可以看出，随着各项基本技术的研发和量子比特集成的进步，计算机将可以处理高级量子计算，它们将在社会领域大显身手。

由于退火型量子计算机是一种特殊类型，因此它普及的关键是如何把问题纳入组合优化问题的框架内，并使其易于使用。而门型量子计算机如果无法克服计算错误，并实现大规模量子比特集成，那么便很难应用到社会中。

不过近年来，门型量子计算机取得了飞跃式发展。量子优越

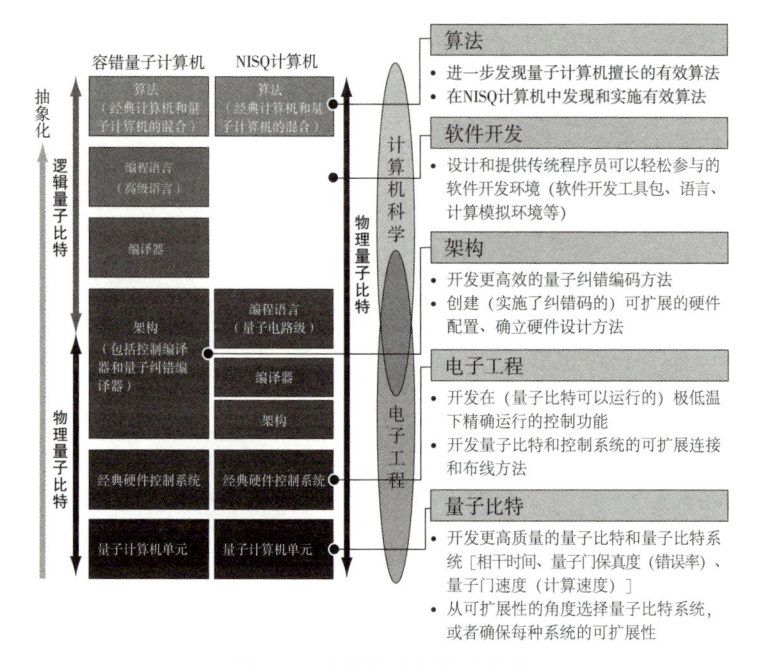

图2-4　量子计算机层的问题

注：

1.NISQ：英文全称为Noisy Intermediate-Scale Quantum，即嘈杂中型量子，NISQ计算机指没有纠错功能的量子计算机，可能在几年之后被开发出来。

2.量子纠错码：经典计算机中纠错码的量子计算机版本。由于量子力学原理和计算方法产生了经典计算机所没有的困难，为克服此困难而引入。

3.可扩展性：指集成量子比特，以便能够构建更大规模的计算机。据说最终的"容错量子计算机"需要几百万到几千万个量子比特的积累，可扩展性非常重要（目前大概是几十个量子比特的程度）。

资料来源：三菱综合研究所参考日本科学技术振兴机构出版的《战略提案：人人享有量子计算机》创建。

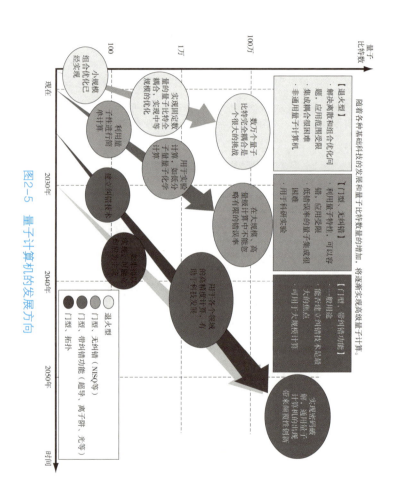

图2-5　量子计算机的发展方向

随着各种基础科技的发展和量子比特数量的增加，将逐渐实现高级量子计算。

【退火型】
· 解决离散和组合优化问题，应用范围受限
· 集成耦合很困难
· 非通用量子计算机

【门型，无纠错】
· 利用量子特性，可以容错，应用范围受限
· 低带误率的量子集成很困难
· 用于科研实验

【门型，带纠错功能】
· 一般用途
· 能在建立纠错技术后成为大的焦点
· 可用于大规模计算

量子比特数

100万
1万
100

现在　　2030年　　2040年　　2050年
时间

图例：
○ 退火型
● 门型，无纠错（NISQ等）
● 门型，带纠错功能（超导、离子阱、光等）
● 门型，拓扑

性是实现理想量子计算机的一个重要分水岭，它指的是比起目前使用的经典计算机（范围从家用电脑到科研机构使用的超级计算机），量子计算机拥有更高速的计算能力。这一点虽然在理论上已经很清晰了，但是被具体实现出来本身具有很重大的意义。

2019年谷歌公司、2020年中国科学技术大学的团队分别发表论文，实现了量子优越性。虽然两者都是门型量子计算机，不过前者使用超导量子位，后者使用光子，它们通过不同的方法实现了量子优越性，取得了重大成果。未来如果使用更多方法，在各种计算问题中都能实现量子优越性，那么将有可能发明出通用量子计算机，并应用于社会中。

机器人——功能不断进步的人类好伙伴

目前全球约有270万台工业机器人在工作。人类从20世纪60年代开始研发机器人，日本于1967年进口了第一台工业机械臂（臂式机器人）。此后，机器人在制造业领域迅速普及，广泛用于焊接、涂装、组装、分拣和运输等各个工种，几乎成为行业不可或缺的一部分。如今，传感器、电机、人工智能等机器人领域的基础技术发展迅速，可以预见，今后机器人的应用范围将进一步扩大。

过去，人们在工作中引进机器人时，需要细致地对它们进行调节，以使其适应操作环境。但是现在的机器人搭载了人工智能，可以进行自主调节。同时，人们还可以在云端收集大量机器人的操作数据，让人工智能学习这些数据，对机器人的处理对象进行3D建模并重复开展模拟操作。通过利用数据，让机器人实现更高级的操控。

为了重现人类那种微妙的触觉，人们不断研发能够感知各种触觉（包括靠近感、接触感、压觉、力觉、触滑觉等）的传感器，并将它们统合在一起。在运动感知方面同样如此。目前的机械臂主要由电机和齿轮来驱动，但这种结构不可避免地会在齿轮的啮合部分留下不连续的间隙。为了解决这一问题，人们发明了使用导电高分子材料制造的、可以连续运动的人造肌肉，例如丰田合成株式会社和德国位移传感器公司（ASM）开发的新一代橡胶材料"e-Rubber"，这种材料在通电时会自动伸缩（如图2-6）。使用"e-Rubber"的人造肌肉会膨胀和收缩，用它做机械臂，动作比电机驱动更平滑、更柔和（正在开发中）。可以预见，机器人在社会中的应用范围将迅速扩大。

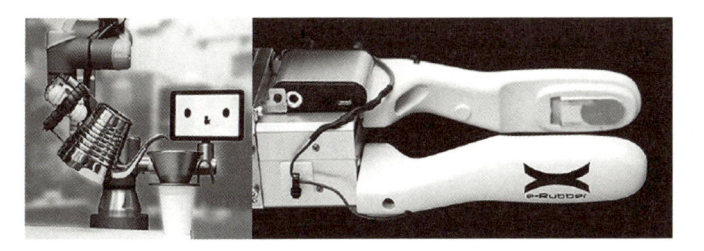

图2-6　使用了"e-Rubber"的压敏电阻机器人

注：机械臂同时具备传感器功能。未来我们的目标是开发出一款既可以做执行器又可以做传感器的材料。

资料来源：丰田合成株式会社。

然而，如果只提高机器人的功能，我们无法将它最大限度地推广到社会。要成功推向社会，我们还需要降低机器人的使用成本，对社会环境设施进行整体优化，扩大机器人的活动范围，例如在建筑物和各种设施中安装传感器，修建易于机器人行动的基础设施等。

XR(VR/AR/MR)——帮助人类将活动扩展到虚拟空间

VR和AR已经渗透到我们的生活中了，目前主要应用在娱乐领域。VR是一种在虚拟空间中构建现实的技术，它只由虚拟空间组成，用户可以通过使用VR头戴式显示设备（以下简称"头显"）将自己沉浸在虚拟世界中。AR通过在现实空间中的物体上叠加信息给人带来全新的认知，这种技术借助定位游戏"精灵宝可梦GO"，在智能手机上迅速获得普及。未来，智能眼镜将被广泛应用，它的外观酷似眼镜或隐形眼镜，可以成为人们的日常穿戴设备。包括增强现实（AR）、虚拟现实（VR）、混合现实（MR）在内的XR将极大地扩展人们的活动领域（如图2-7）。

研究人员可以通过AR，结合实景，将行动路线与大厦内店铺信息展现出来，优化行人的逛街体验；医生可以通过MR，共同检查患者器官的3D图像，确定手术方法。这些技术正在应用于社会的方方面面。脸书2014年收购的傲库路思（Oculus）发售了一款低价位、高性能的VR头显，该公司同时也致力于利用VR空间建立社

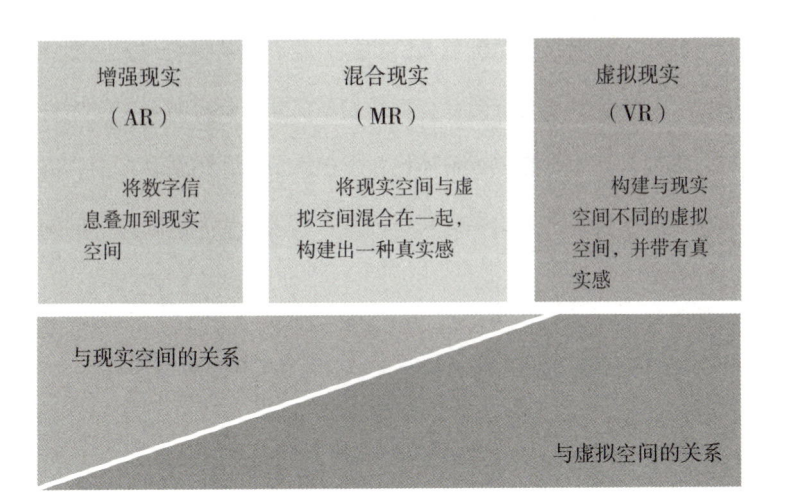

图2-7　关于XR

群联系，这种技术的发展也将影响到后文所述的CX。

目前实际应用的大多数XR都是针对视觉和听觉的，未来还会增加嗅觉、味觉、触觉的技术。这样一来，在虚拟空间中，人的五感也能发挥作用，这种身临其境的逼真感觉将无限接近现实。事实上，即使是现实空间，也在不断与虚拟空间进行信息叠加和融合。再加上通用人工智能的帮助，电影《钢铁侠》（*Iron Man*）中主人公的搭档——人工智能贾维斯或许真的会出现。

另外，随着远程呈现技术的普及，人们可以通过虚拟空间中的分身，或者现实空间中的分身机器人来开展各种活动，进行各种交流，包括工作、购物、休闲、参与社会活动等。

BX增强人体功能

BX指的是利用生命科学和生物技术，提高人类身体能力，改善人类健康状况的革新，它还包括疾病的预防和治疗、抗衰老和延长寿命。

在接下来的50年里，人类的预期寿命一定会增加。人类因为衰老而导致运动功能和感觉功能下降的问题随着生物技术的进步将得到解决，人类寿命也随之延长。新药品将不断被开发出来，基因治疗取得进展，人们越来越了解疾病的致病机制，很多现在无法治疗的疾病都有了治愈的希望。

在今天，癌症是日本人的最主要死因。不过，随着超早期检测、精准医疗和免疫治疗的进步，癌症有望在30年内被攻克。不过，有的疾病的治疗方法尚不明确，例如痴呆症[1]。未来，将出现越来越多身体健康但有认知功能障碍的老年人。

2012年出现了一种创新技术，即第三代基因组编辑技术"CRISPR-Cas9"。它的出现加速了生物革命的进程。这项技术可以在短时间内轻松改变基因，而在此之前，要做到这一点需要经过烦琐的程序，花费大量时间，并且要具备非常成熟的技术。现在，人们对病理机制的掌握速度明显加快，基因治疗和再生医学

---

[1] 痴呆症：由脑功能障碍而产生的获得性和持续性智能障碍综合征，常见的痴呆症有阿尔茨海默病、血管性痴呆病等。——编者注

的临床研究也在加速推进。

未来，人类还有望在脑科技（脑科学的研究成果与技术相结合）领域取得进展。现在，除了通过刺激大脑来治病这种医学应用之外，人们还在积极开展其他领域的研究，例如利用软件和设备来监测人的大脑，使大脑的活动状态可视化等。这些研究可能会改变人与人之间的交流方式，对CX产生重大影响。

BX除了可以改善人类健康状况之外，还将影响到各种生命现象。将来，人们可以利用基因组编辑技术改良生物品种，这不仅能够提高生物燃料的生产效率，还能培养出营养丰富的农作物和膘肥体壮的家畜，还能通过细胞培养的方式制作出人造肉。这些方法都能够减少环境压力，帮助人类实现富裕的生活。

基因治疗——开启罕见病治疗的大门

罕见病是指患者人数较少的疾病，例如肌营养不良症等。在日本，患者少于5万人的疾病被定义为罕见病。虽然每种罕见病的患者人数很少，但从全球范围来看，患者总数却超过了3.5亿，这是一个庞大的数字。罕见病的另一个特点是儿童患者较多，约占患者总人数的50%。

许多罕见病是由基因突变引起的。到目前为止，人类还没有办法直接从基因层面着手治疗，因此针对罕见病的治疗手段仅限于延缓病程进展和缓解症状等对症治疗。不过近年来，人类在基因治疗方面取得了进展，罕见病越来越有望得到根治。

基因治疗指的是为了预防或治疗疾病，将外源健康基因或携带健康基因的细胞导入患者体内的治疗方法。传统基因治疗在导入健康基因时，患者体内还留存有异常的致病基因，这种疗法很难实现基因控制，不过它具有风险低的优点。近几年，采用基因组编辑技术的基因治疗得到了积极发展。基因组编辑技术能够修复异常基因，因此很可能彻底治愈疾病，但是这种技术存在导致基因发生意外突变的风险。

基因治疗有两种，分别是体外技术和体内技术。体外技术指的是将患者的细胞取出体外，改变并培养其中的基因，再将其导入人体。体内技术指的是以无害的病毒作为载体，将需要改变的基因导入人体，从而改变细胞基因的方法。目前，这两种技术都取得了不同的进展（如图2-8）。

罕见病药品（又称"孤儿药"），例如基因治疗药品，在研发过程中，因为相关数据比普通药物少，所以经常处于边评估边研发的状态。技术人员要抓紧研发，尽早为患者提供有效的治疗方法，与此同时，还必须确保药品的有效性和安全性。因为罕见病患者较少，所以药价通常较高。这种情况下，社会需要采取合理措施，一方面保护企业的开发意愿，另一方面也要通过公共医疗制度给予患者适当补助。

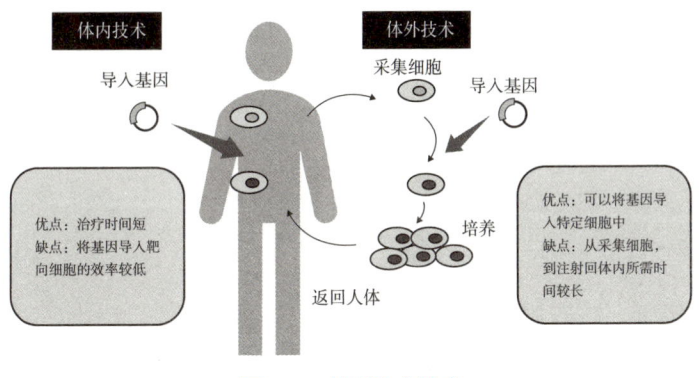

图2-8　基因治疗技术

分子靶向药物或免疫疗法——癌症的早期检测和晚期治疗的进步

癌症是日本人的第一大死因，据说每两个日本人中就有一人因为癌症死亡。如今，随着检测和治疗技术的稳步发展，癌症正在成为可治愈的疾病。从数据来看，1993—1996年癌症患者的生存率为53%，而2006—2008年癌症患者的生存率为62%。

液体活检能够从一滴血液或尿液中诊断出癌症。这种方法有望作为癌症的早期检测而投入应用。例如，胃癌的传统诊断方法是通过X射线或者内窥镜采集样本来进行。如果使用液体活检的方法，在采集样本时对身体几乎没有损伤。现在针对各种癌症的研究不断取得进展，距离实际应用越来越近。

针对癌症特定分子的分子靶向药物也在研发中，不过癌细胞中的基因突变高度多样化，药物的作用因人而异。未来，越来越多的医疗机构会为患者提供量身定制的治疗方案，通过分析患者基因序列，为每个个体选择最合适的药物、确定用药时机和持续时间。日本于2018年成立了癌症基因组信息管理中心，开始通过癌症基因组分析测试来积累基因组信息和临床信息。此外，基因治疗还包括利用患者自身免疫系统攻击癌细胞的免疫疗法。这些基因治疗的普及也有助于提高治疗效果（如图2-9）。

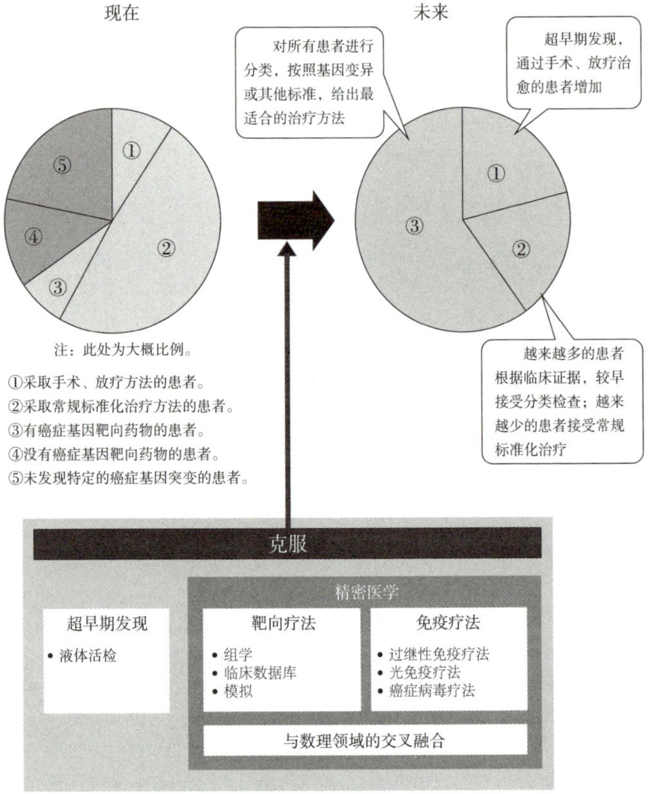

图2-9　未来的癌症治疗方法

对致病机理的阐明——致力于研发根治性药物

根据《2015年世界阿尔茨海默病报告》（*World-Alzheimer-Report-2015*），预计到2030年全世界痴呆症患者将增至7470万人，到2050年将增至1.315亿人。当务之急，我们迫切需要找到治疗这一疾病的方法，开发出新药。但是现在，面对这种疾病，我们仍然无处着手。

2019年之前，人们一直使用乙酰胆碱酯酶抑制剂，以及抑制谷氨酸对大脑刺激的药物，但这些都不是根治性的方法。

人们基于"大脑中积累的β-淀粉样蛋白的沉积破坏脑神经细胞，导致阿尔茨海默病"的β-淀粉样蛋白假说，不断开发以β淀粉样蛋白为靶点的抗体药物，用以作为根治药物。然而，人体中β-淀粉样蛋白早在发病的15~20年前就开始积累，其分子生物学机制尚不清楚。迄今为止，人们进行了各种尝试，除了抗体药物之外，还开发了激活神经胶质细胞和免疫细胞的药物；尝试采用基因疗法使β-淀粉样蛋白难以积累；通过导入由诱导性多能干细胞（iPS细胞）分化出的神经细胞来恢复认知功能等。但是，我们仍然需要时间来找到根治性方法。

作为一种早期检测技术，针对液体活检可以测量血液中β-淀粉样蛋白的异常情况的研究也在进行中。2019年2月，日本国立长寿医疗研究中心宣布已经建立出一个模型，可以根据血液中的微

RNA（miRNA）信息来预测人们患病的风险。如果人类的检测技术更加进步，对疾病的分子生物学机制理解得更加透彻，那么这种疾病最终将成为一种可预防和可治愈的疾病。

生活方式与患痴呆症之间的因果关系尚不清楚，但人们已经证实了它们之间的统计相关性。与其等待根治，不如采取社会性措施，利用DX和CX促使人们改变生活习惯，以此降低罹患痴呆症的风险（见表2-1）。

表2-1 世卫组织预防痴呆症指南

预防疾病项目	概要	证据可靠性	推荐等级
运动	体育锻炼可降低成人和轻度认知障碍患者认知能力下降的风险	中	强
戒烟	戒烟除了有利于健康外，还可以降低认知能力下降的风险	低	强
营养	地中海饮食可降低成人和轻度认知障碍患者认知能力下降和罹患痴呆症的风险	中	有条件的推荐
	建议所有成人都采用健康和营养均衡的饮食	低~高	强
	维生素 B、维生素 E 和多不饱和脂肪酸不会降低认知能力下降和患痴呆症的风险	中	强
少喝酒	禁止过量饮酒除了有益于健康之外，还能降低成人和轻度认知障碍患者认知能力下降及患痴呆症的风险	中	强

续表

预防疾病项目	概要	证据可靠性	推荐等级
认知干预	认知训练有时可以降低老年人和轻度认知障碍患者认知能力下降及患痴呆症的风险	极低~低	有条件的推荐
社会活动	没有证据表明社会活动能改善认知能力下降问题和降低患痴呆症风险	—	—
	社会活动关系到人一生的健康和美好生活，人的一生都需要融入社会	—	—
体重管理	改善肥胖可能会降低认知能力下降和患痴呆症的风险	低~中	有条件的推荐
高血压管理	高血压管理可能会降低认知能力下降和患痴呆症的风险	极低	有条件的推荐
糖尿病管理	糖尿病管理可能会降低认知能力下降和患痴呆症的风险	极低	有条件的推荐
血脂异常管理	血脂异常管理可能会降低认知能力下降和患痴呆症的风险	低	有条件的推荐
抑郁症管理	没有证据表明抗抑郁药可以降低认知能力下降和患痴呆症的风险	—	—
耳聋管理	没有证据表明治疗听力问题可以降低认知能力下降和患痴呆症的风险	—	—

资料来源：三菱综合研究所根据《世界卫生组织指南：降低认知能力下降和患痴呆症的风险》创建。

抗衰老——阻止机体老化

抗衰老技术能阻止衰老，让人重返年轻。这项能够实现人类梦想的技术也在不断进步，不过目前它仍然处于试验阶段。抗衰老是一项未来技术，人们对此已经展开了各种研究，取得了多项成果。

端粒与细胞老化机制有密切关系。细胞每次分裂都会复制染色体，但并不是所有染色体末端的端粒碱基序列都会被复制，它们随着每次分裂逐渐缩短。当端粒缩短到一定程度时，细胞停止分裂，开始老化，最终死亡（如图2-10）。

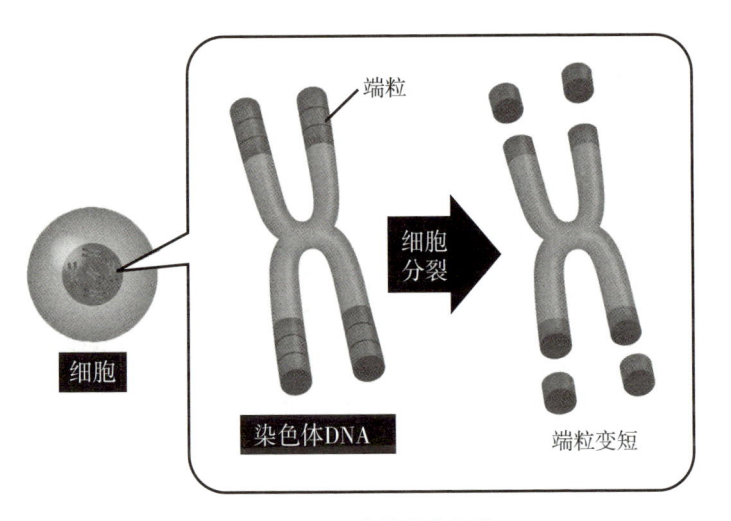

图2-10　细胞的老化机理

据说人类体细胞最多分裂50~60次（海夫利克极限）。人们逐渐意识到，端粒缩短的速度存在个体差异，这与人的衰老密切相关。

有两种方法可以阻止细胞衰老。一是在维持细胞分化的同时提高分裂次数的上限，二是使细胞即使受到外来物质的伤害或攻击也能保持其状态。随着胚胎干细胞、诱导性多能干细胞、表观遗传学、mRNA等研究不断取得进展，人们在实验室层面成功实现了大幅延长细胞和动物的寿命。

未来的研发工作将从安全性高的补充剂开始。目前，稀少糖、多胺和能够激活细胞抗衰老基因（长寿基因）的白藜芦醇（多酚的一种）受到了人们的关注。

例如稀少糖，全世界一共大约只有50种。即使被摄入体内，它也不能直接被人体消化吸收，因此热量几乎为零。与糖类一起摄入时，它能够抑制糖的吸收，具有抑制血糖快速上升的功效。在利用线虫进行的D-阿洛酮糖（一种稀少糖）的实验中，我们可以观察到，线虫的体脂减少，体内出现了抗氧化酶，寿命延长了大约20%，这说明D-阿洛酮糖具有抗肥胖和抗衰老的效果。多胺主要存在于豆类、蘑菇、柑橘类水果中，也具有抗衰老效果。

除此之外，人们还有望使用糖尿病药物二甲双胍、免疫抑制剂雷帕霉素和抗生素强力霉素来逆转细胞状态。其中，二甲双胍于2015年被美国食品药品监督管理局（FDA）批准作为"抗衰老药物"开展全球首个临床试验。它作为糖尿病治疗药物已有近70年的历史，而且药价低廉，如果抗衰老效果得到证实，它将是一种非常好用的抗衰老药物。

脑科技——超越边界的大脑技术

脑科技是利用脑科学的技术总称。迄今为止，人们主要使用经颅磁刺激（TMS）技术，利用磁场刺激大脑，开展脑中风后的康复训练和失语症的治疗。不过近几年，人们正在积极探索新的疗法。例如，利用软件或设备显示出大脑的状态，不借助语言的交流即可控制大脑和心灵意识等。

脑科技需要三种技术：利用电或化学手段刺激大脑的输入技术，读取脑电波掌握大脑活动的测量技术，以及利用测量到的脑电波数据进行行为控制的神经反馈技术。如果测量技术取得进步，人们便可以详细实时地掌握大脑的活动状态，这将帮助我们了解一些至今我们还不了解的问题，比如大脑输入和神经反馈的效果等。

如果小型简易脑电图仪等设备得到广泛普及，那么它除了用于预防或治疗痴呆症、睡眠障碍、精神分裂症等与大脑密切相关的疾病之外，还能在康复训练和心理训练等方面大显身手（如图2-11）。它甚至还可以像咖啡因一样，能用来改善人的情绪。

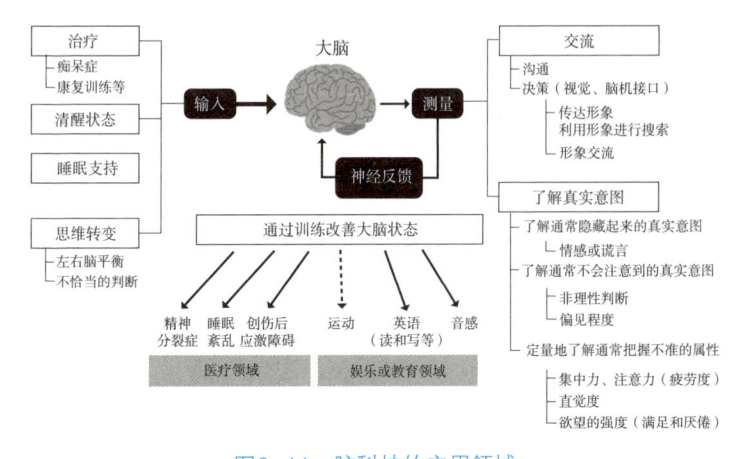

图2-11　脑科技的应用领域

CX改变人与人、人与社会的关系

DX和BX的交叉融合催生了CX。

在BX部分我们提到的脑科技是CX的核心技术。到2030年前后，从工学角度研究人的心灵和人际关系的通信工程技术将取得一定进步。如果未来大脑解码技术（使脑电波传达的情绪可视化）和虚拟触觉感知技术（借助数字设备传递触觉）得到应用和推广，人们就可以通过技术手段拥有心灵感应和心灵传动等超能力了。

此外，前文关于DX的章节中提到的人工智能、机器人、XR等也是实现CX的重要技术，它们将现实空间与虚拟空间融合在一起，帮助人们跨越不同空间开展交流。

CX将为人类开辟新的沟通方式，消除人际交往时出现的误解，使人们的沟通更顺利。沟通技巧是社交生活中极其重要的技能，即使未来人们主要在虚拟空间活动，他们仍然需要与他人进行交流和对话。人们通过网络虚拟形象在虚拟空间交流时，对对方的信息掌握甚少，更难做到相互理解，因此，在虚拟世界中，就更需要一种技术来保障人们进行顺畅地沟通。

此外，未来我们不仅可以进行正常的人与人之间的交流，还可以与动物、植物、人工智能进行交流。CX将帮助人类实现跨越物种的联系，做到真正理解其他物种的感受。

3X带来的创新技术涉及新的领域，其应用范围还不明确。我们暂且将它们定位为"人类或生命增强技术"，并尝试利用图2-12进行说明。提到人类增强技术或生命增强技术，我们往往会有这样的印象：它们是将人体与机器连接起来，把人类改造成半机械人的技术。然而实际上，因为人类往往以社群为单位开展活动，所以能够扩展人际交流界限的CX，堪称能够使人类实现技术性进化的重大创新。

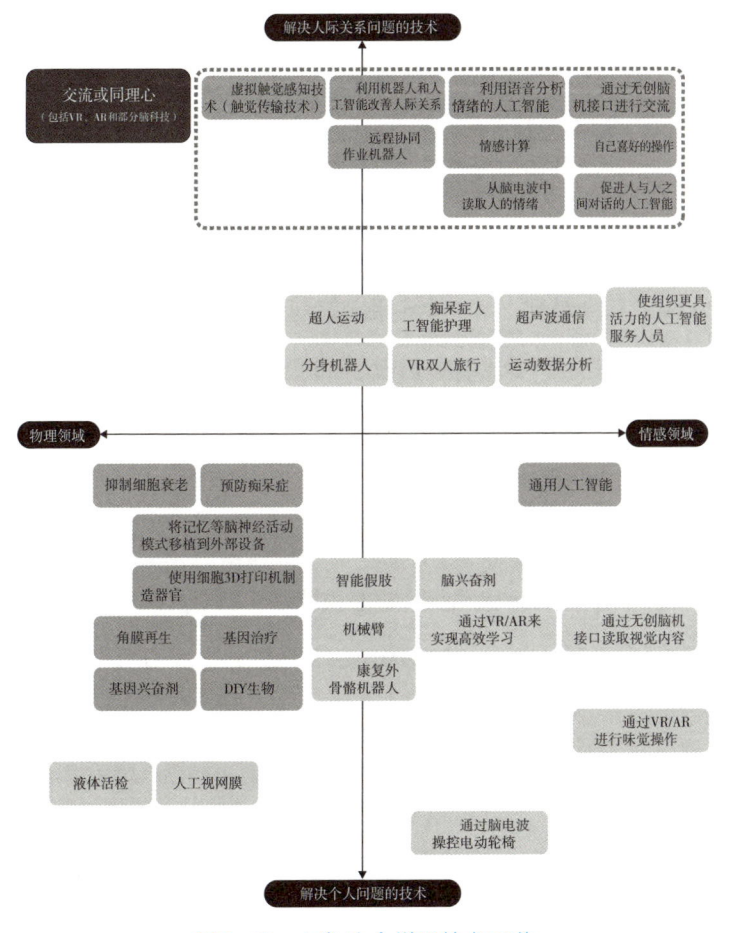

图2-12　人类/生命增强技术图谱

大脑解码、虚拟触觉感知——实现跨越语言的沟通

科幻小说中常见的读心机器即将成为现实。这是一种大脑解码技术，直接从人脑中读取在脑海中想象的图像。这种技术通过

功能性磁共振成像（fMRI）探测大脑的活动，利用人工智能将受试者见到的或者想象的东西还原。尽管现在的技术只能还原成模糊的影像，但是随着大脑活动传感器和人工智能技术的进步，未来将有可能还原出与想象完全一致的清晰图像。换句话说，技术使我们能够窥见人类的思维活动。

人们正在越来越多地利用数字设备进行交流。目前，智能手机和个人电脑主要用于处理文本、语音、图像和视频等视觉和听觉信息。在未来，通过虚拟触觉感知技术，人们还能传递温度和压力等信息。在技术层面，人类已经可以通过操作手套远程控制机械臂抚摸身处异地的人的肩膀。

情感计算——促进人类的相互理解

情感计算技术能够根据人体反应把握其情绪，提高人类的交流能力。这种技术利用可穿戴传感器获取人的身体数据、图像、声音等信息，然后人工智能将这些信息转变为数字，量化之后进行评估。这些身体数据包括表情、说话声音和心率等。到2070年，它们可能会被整合到大脑活动探测中。

有一些技术已经投入商业应用，例如日本电通公司资助的合资公司Dentsu Science Jam开发的情绪分析仪（如图2-13）。这种仪器通过一种特殊的小型头盔探测脑电波，并对它进行实时分析，将人感受到的五种情绪（兴趣、喜好、压力、专注、困倦）变化

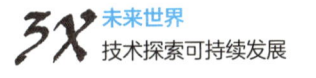

转化成图像。这种仪器主要用于实证实验工作，例如企事业单位和研究机构的产品研发和项目评审等。

如果这种技术得以发展，人们在交流中就可以通过图表知晓对方的心情，减少误解，增进相互理解，使交流更加顺利。

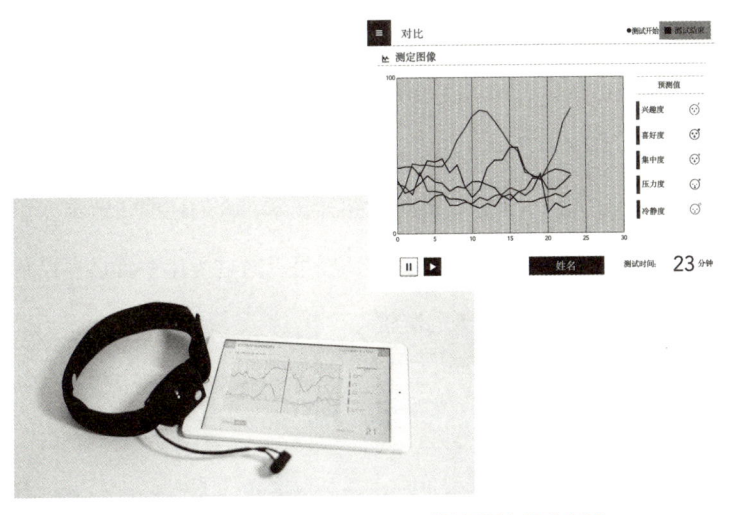

图2-13　可以用二维图形表示情绪的情绪分析仪

资料来源：Dentsu Science Jam公司。

人们能够直接共享情绪和经历

我们所能拥有的经验，无论是质还是量，都将因CX而得到极大改变。因为除了视觉和听觉之外，我们还能与他人共享触觉、味觉和嗅觉等感觉。

脑科技帮助人类实现了高精度的非语言交流。人们可以理解以前难以理解的他人的想法，甚至能够理解狗、海豚等其他物种的情绪，人类能够感知的事物范围将进一步扩大（见表2-2）。

表2-2　2070年之前技术发展之路

技术应用	主要开发技术	
	表现技术	探测技术
共享经验（五感）	CX：再现触感的显示器	DX：获取日常视觉信息，并记录视线（兴趣点）
共享情绪	CX：通过调整气味、声音和颜色来表现情绪的技术	CX：从脑血流和脑电波推测情绪变化
与人类之外的物种分享情绪和经历	CX：获取五感感受不到的感觉的技术	BX：实时探测大脑中的化学活动

由此，人们能够更高效地获得多样化的观点，更容易形成同理心，因此在商业、文化艺术、体育、科技研发等领域将出现多种创新发明，并形成新型社群。

CX甚至会改变人们的生活方式。现在的科技使我们能够共享视频和音频，在未来还将出现新的技术，使人们能够与他人共享感官感受、情绪和经验。利用这种技术，我们能够轻松地体验到他人的经历，包括旅行、运动、恋爱等。不止如此，我们更能极为逼真地体验到优秀管理者的精准决策、运动员敏捷的动作、工匠精湛的技艺等。这将是非常好的教育工具。在此之前我们只能通过语言指导、模仿、反复练习才能掌握某些高难度技能，将来

在这种技术的帮助之下，我们能够完整地去体验它，并在短时间内迅速掌握这些技能。在今天，人在一生中只能从事少数职业，而在未来，人们可以从事各种不同的工作，甚至从事100种职业也不再是虚无缥缈的梦。

我们还可以分享动植物等其他物种的经验。人类能够"变成"海豚、树木，深刻了解海洋和森林的生态系统，获得超越物种的丰富知识。多样性发展将从人类扩展到地球上的全部生命，这有助于创建一个从更高维度上接受多样性、包容性更强的社会。

数字人格技术（复制人类思维方式和各种技能的人工智能）投入实际应用之后，未来人们或许可以共享思维意识，共同操作一个虚拟角色。这种技术可以让人们体验到多种人生，同时也能够加深与他人的联系。

3X人类增强技术路线图

在3X所包含的创新技术中，我们尤其关注能够增强人的身体和认知能力的人类增强技术，并制定了未来50年的路线（见表2-3）。在未来的50年中，人类增强技术将发生重大突破，这会在很大程度上改变人与社会的存在形态。我们能够描绘出未来的社会愿景，然后根据目前的技术研发情况，去评估这些技术将怎样交叉融合，以及会在什么时间应用于社会生活。

表2-3　人类增强技术未来路线

技术项目	技术应用时间				
	2030 年	2040 年	2050 年	2060 年	2070 年
人机一体化技术	利用肌肉生物电,使人类可以舒适地使用假肢,不会感到不适	研发出仿真机器人,其大小、灵活程度与人类相仿	高清感官反馈技术使人类更易于操作机械臂或虚拟分身	能够在机器人的行为动作上反映出个人的想法和习惯	机械假肢和虚拟形象已经完全融入个体生命,人类甚至不会意识到它们的存在
电信	实现远程操作所需的基本功能得到普及	通过操作多个虚拟分身进行远程作业	可以像操控肢体一样操控虚拟分身	无须进行价值判断的业务实现全自动化(完成脑机接口)	远程复制人的行为
跨模态信息技术	实现了世界的五维表现,即"传统三维空间+层次+时间"	感官替代技术得到应用(解决感官障碍问题)	再现与特定真实场景一模一样的体验(研究层面)	通过提升感官的准确度,获得与现实完全一致的体验	提升多感官多维信息感知能力,并研发出可佩戴式多维信息感知装置
情感引导信息技术	获得情感变化数据(嗅觉、味觉、周边环境等)	自动获取情感信息(应用于教育等领域)	根据情感改变气味、声音或颜色,通过激素管理获得仿真体验	通过轻便型机械服获取或共享身体(运动)体验	将大脑内部物质分泌情况转化为图形或图像,帮助人们体验他人的思考活动

在人机一体化技术领域，到2040年我们将拥有制造仿真机器人的技术，2060—2070年机器人可以学习个体习惯，并且可以进行个性化定制。人类可以像操控自己的身体一样，自然地使用假肢和虚拟形象。

在电信领域，未来10年内人类可以做到远程异地操作。到2050年，人们可以像支配自己的身体一样，远程控制实体化虚拟分身为我们做事。到2060—2070年，人类可以在虚拟分身行为履历的基础上，将人类整个活动进行归档管理，且这些档案可以复制到虚拟分身上。

在利用五感相互作用产生错觉的信息技术（跨模态信息技术）领域，2050—2060年，人类在虚拟空间中将获得与现实空间完全相同的体验。到了2070年，人们只需穿上特制装备，就能够体验到超越五感的多感官多维内容。

在共享情感技术领域，2030年，人类将有可能通过数据让人重温他人的感受。2060—2070年，人们只需穿上机械服就能够体验职业运动员做出来的动作，获得无与伦比的感受。这种技术将广泛用于教育和娱乐产业。

这些技术将帮助人类克服各种身体障碍，使人类在虚拟空间中也能够获得与现实空间同样丰富的体验。

3X怎样才能被社会接受

上文我们介绍了各种先进技术，但是仅靠技术本身是无法改变社会的。

一项前所未有的创新技术，如何才能顺利进入人们的生活，并在社会中站稳脚跟？这就是"社会接受"问题，它是一项非常重要的课题。要实现表2-3描绘的路线，就必须为2050年的社会应用找到适当的方法论，并在10年之内将其推广到全社会。在这一方面，我们认为，"负责任的研究与创新"（Responsible Research and Innovation, RRI）理论是满足我们要求的重要方法论，应加以推广和普及。

RRI是将技术应用于社会的一种方法论，已经在旨在通过研发与创新解决社会问题的欧盟研究资助项目《地平线2020》（Horizon 2020）中得到推广。这种方法论的关键点是将技术引入社会时，把各个利益相关方都纳入考量范围，与社会展开对话，提高技术的社会接受度。其原则是在技术研发时，要充分重视社会需求。

当今社会，技术创新速度之快前所未见。人类仅凭自身的适应能力，很难跟上技术发展的步伐。我们只有从社会层面积极更新人类常识和伦理观，提高社会对技术进步的接受能力，才能让迅速发展的科技牢牢扎根于社会中。

在"技术的社会接受"方面，人类有过历史教训。"技术与伦理"成为社会性课题是在工业革命之后。这一时期被哲学家卡尔·雅斯贝尔斯（Karl Theodor Jaspers）称为"新普罗米修斯时代"，人们在为技术带来的恩惠欢呼雀跃的同时，不得不审视其背后的弊端。对于每种新技术的出现，社会都会以多种方式做出回应。我们大致可以将其概括为三种模式。

第一种模式是，在社会对该种技术达成共识之前，技术就已经被引入社会，社会的接受度滞后，技术导致社会出现分裂，例如原子能技术。第二种模式是，政府监管过于严格，阻碍了技术的推广普及，例如日本的器官移植技术。第三种模式是，随着技术的发展，社会就如何使用技术逐渐达成共识，制定和普及相应的道德规范和法律法规。转基因技术就是这种情况，它在国际法规的指导和制约之下已经获得普及。

对于未来新技术的社会引入来说，第三种模式应该是比较理想的。为此，我们必须同社会进行深入细致的交流，同时我们还要采用RRI这一重要方法论，将其应用于社会实践中。

成功获得社会认可的关键是：①打破行业壁垒，与各利益相关者展开合作；②以史为鉴，吸取教训；③尊重与该技术具有重大利害关系的当事方；④进行社会试点试验时，人们要对出现的问题和错误采取包容态度。要满足以上四点要求，我们不仅要与该领域的技术专家进行交流，还要和伦理学、政治学等社科领域专家、从业者、市民等利益相关者展开对话（如图 2-14）。

政策议题	参与方	关键程序
伦理 男女平等 治理 公众参与 科技教育	研究人员 政策制定者 教育工作者 商业界和产业界 市民	多样化和全面性 公开透明 具有预见性，反映现实 灵活的、适应性强的

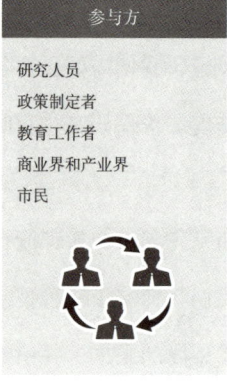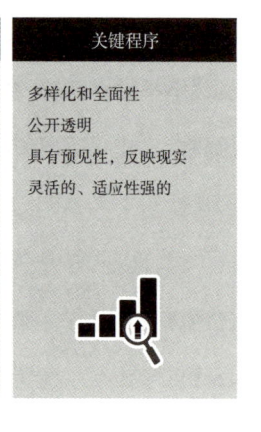

图2-14　RRI概念图

RRI为每个技术领域都制定了框架，并不断更新升级。关于本书探讨的3X领域，我们必须明确以下课题：信息技术开发周期较短，我们的社会应如何适应层出不穷的信息技术？创新技术如何与利益方的业务行为对接？

我们的核心理念之一是将市民定位为共同创造未来社会的合作伙伴。在未来，技术与社会之间的关系比现在更密切，市民也将积极参与科技创新。科技交流的增加、市民参与度的提高有利于进一步加深社会与科技的密切关系。

在科技交流方面，我们已经有了积极举措，例如科研机构开设"科学咖啡馆"，让研究人员与市民轻松互动。在这方面，我们还需要进一步丰富科技交流的主题和目标受众，促进研究人员和市民之间互相了解。在市民参与方面，主要是市民收集资料，积极尝试开展科学研究。市民参与感兴趣的科技项目，增长科学知识，了解科研方法，能够为创新科技的发展做出贡献。为了保证以上举措得到有效实施，我们需要设置各种主题，制定参与奖励机制，建立适当的制度，确保研究过程和科学成果的透明性和合法性。

通过以上努力，如果我们每个人都能在生活中把科技当作自己的事情来对待，那我们就拥有了一种技能，这种技能帮助我们具体思考什么才是我们想要的未来，并引导我们积极探讨未来的社会机制，例如3X被引入社会时，每个人应该承担怎样的责任等。最终，研究人员和市民的区分将逐渐消失，在某种意义上，市民也将成为研究人员。

第 **3** 章

未来世界的

社群——共域

新技术带来新联系

要创建未来社会，必须对社群进行升级，这一行为的重要性不亚于3X。

在漫长的历史中，人类绝大部分时间都是为了填饱肚子而努力。人类通过地缘和血缘关系创建出密切联系的社群，共同从事农业和畜牧业活动，形成了社会。自工业革命以来，人们追求经济上和物质上的更加富裕，于是出现了以企业为代表的经济活动社群。这种社群给人们带来了稳定的生活，同时它自身也在不断发展。

今天，将全世界人类联系在一起的互联网不断普及，人们越来越少使用传统的交流方式。新型冠状病毒的传播严重限制了人们的传统联系，进一步提高了互联网的普及速度和深度。从城市到郊区，从现实空间到虚拟空间，从受人支配的组织机构到自律的个体，去中心化自治已经在各个层面不断推进，成为无法阻挡的时代潮流。

去中心化自治是构建未来社会的重要因素。在3X的助力下，人类个体的活动范围不断扩大，互联网进一步普及，人们的活动场所无须固定在特定地点。但是，如果只是单纯地将分散在各处的个体通过互联网连接起来，那么我们每个人都只会身处"过滤泡"中，只能不断听到意见相近的声音（回声室效应），对外部世界视而不见。这将进而加深个人的孤立、孤独，加速社会分裂。

无论技术多么发达，如果使用者仍然受制于落后的价值观，那么人们便无法利用它达成更高的目标。在今天，3X正在帮助人们实现自由的、多层次的联系。正因为如此，人类才更需要构建一个将人们联系起来，创造出新价值的未来社群。我们将其命名为"共域"。

如果说前一章提到的3X是强力驱动器，对人与社会的去中心化自治起到了强烈的推动作用，那么共域则是一种重要机制，它通过新的逻辑将社会各种要素联系起来，并引导它们走向协调。换句话说，它是一种使个体变得更加和谐的共创机制（如图3-1）。

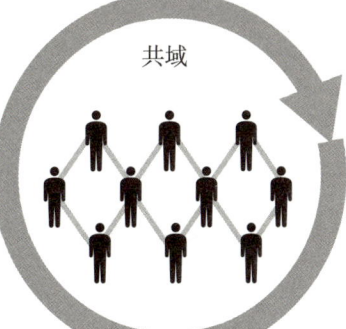

多样灵活的选择
每个人的自我实现

共域

实现国民富裕和
社会可持续发展

探索感兴趣的未知事物，创造价值，交换价值
志同道合者跨越时空聚集起来的社群。

图3-1 未来世界的社群——共域

要同时实现国民富裕和社会可持续发展，去中心化自治和交流合作不可或缺。为此，我们必须将3X与共域结合起来，使它们共同发挥作用。

共域得以形成的三大因素

共域利用3X带来的三个变化来改造传统社群，这三个变化分别是"时间的增加""空间的扩展""对多样性的包容提高"。

一是"时间的增加"。未来，人类不仅平均寿命会大大延长，而且在身心良好的状态下健康工作的时间也会延长，生命活动时间将大幅增加。此外，随着技术不断创新，人类劳动会逐渐被机器或人工智能取代，职业技能的学习效率将大大提高。强制性工作的时间以及为此所花费的学习时间都将大幅减少，人们将拥有更多时间从事能够体现人类价值的活动。时间的增加使人们能够体验到各种不同的工作和活动。

二是"空间的扩展"。如果此前只能在现实世界中完成的工作，将来都能在虚拟空间中完成，那么无论是工作、学习，还是娱乐，人们都将不再受到地域的制约。无论生活在何处，我们都能参与中意的活动。"移动"本身可以成为旅行的目的，而不再是旅行的手段。现实和虚拟结合在一起，空间进一步扩大之后，一个人可以同时在不同的地点做不同的事情。但是，这并不意味着现实空间的价值减少了。能够在虚拟空间中自由活动，使我们可以随时置身于虚拟空间的任何一处，只要这一处是我们想真实体验的。

三是"对多样性的包容提高"。互联网为那些没有资格参与特定社群（例如由地缘、血缘或公司关系组成的社群）的人打开了新世界的大门，他们可以自由加入多元化社群。利用虚拟空间中的化身，任何人不分年龄、性别、种族，都可以成为自己想成为的样子。在现实空间中，人类增强技术、人工智能同声传译以及通信支持技术都将帮助人们消除年龄、性别、健康状况、语言等差异，接纳人类个体的多样性。3X能创建出各种不同的社群，人们会自然地同时加入多个社群，保持与社会的联系。人们秉持的价值观将不仅仅是某一个社群的价值观，社会更容易形成更普遍、更具包容性的价值观。

这些变化将从人与社会两个方面极大地改变社群的形态。人类进入百岁人生的时代后，在人生的不同阶段，人们有更多时间和机会接触到不同的社群，这使他们的角色和个性变得更加多元化。从社会层面来看，有越来越多的社群接纳来自不同地域的人，包容各种不同的文化。不同文化的人们之间相互交流，世界对不同文化的理解进一步深化，这为人们提供了更多合作的机会，促进了科技创新。

个体加入多个不同社群

在共域中有三个功能非常重要，它们分别是：①每个人都能找到自己想做的事情（自我实现）；②人们能够通过合作创造价值；③该价值可以应用于社会，并可以在社会中进行交换。

第一个功能是探索自己想做的事情。由DX构建的共域平台使人们可以在现实空间内部（不同城市、不同地区之间），甚至在现实空间与虚拟空间之间来去自由。与传统的社群不同，共域不受地点、时间以及沟通手段（语言、视频）的限制，任何人都可以自由加入多个社群，使人们有越来越多的机会发掘出潜在能力，这些潜能往往是以前没有机会被发掘的。

第二个功能是共同创造价值。BX和CX帮助人类共享经验和感受，帮助我们真正认识自己的想法，促进和他人的交流，将此前一直作为兴趣爱好的活动转化为社会价值。未来，共域将孵化出无数创新行为。

第三个功能是价值交换。共域内部能够创造出各种价值，例如，如果人们利用DX建立起一套代币经济模型，构建出使用地区货币和替代货币的经济圈，那么难以换算成货币价值的事物（例如社会活动）也可以轻松进行交易。一直以来，人们的社会活动赢利能力有限，很难在经济价值和社会价值之间取得平衡。这一点极大地限制了人们发展社会活动。未来，在DX的助力之下，人们的社会活动将更加活跃。

当然，即使在未来社会，以血缘、地缘、公司关系为基础的传统社群也不会消失。但是，如果个体能按照自己的意愿从众多社群中做出自由选择，那么传统的社群将不再成为唯一的绝对存在，而是变成众多共域中的一个社群。它不是彻底消失了，而是被3X和共域升级改造了。

未来，人与人的联系模式将发生改变

共域世界中的社群不再是传统的固定化社群，每个人都可以根据自己的意愿和特点选择适合自己的社群，为自己找到多种属性和角色，而且可以根据场合和人生阶段自由更换。人们可以为自己找到多种价值观，既可以放弃某些价值观，也可以增加某些价值观。人与社会的接点被无限扩大，人类将创造出无限丰富的价值（如图3-2）。

新冠肺炎疫情给社会带来许多变化，人们在现实世界中的行为受到了各种限制，于是将视线转向虚拟世界。去中心化自治加速发展，企业的社会责任成为焦点，包括医务人员在内的一线工作者受到广泛关注，如何分配有限的人力物力资源成为人们关心的话题，全社会通力合作的呼声越来越高。要实现理想的未来世界，关键是不要回到老路上，而要通过共域将每个个体联系起

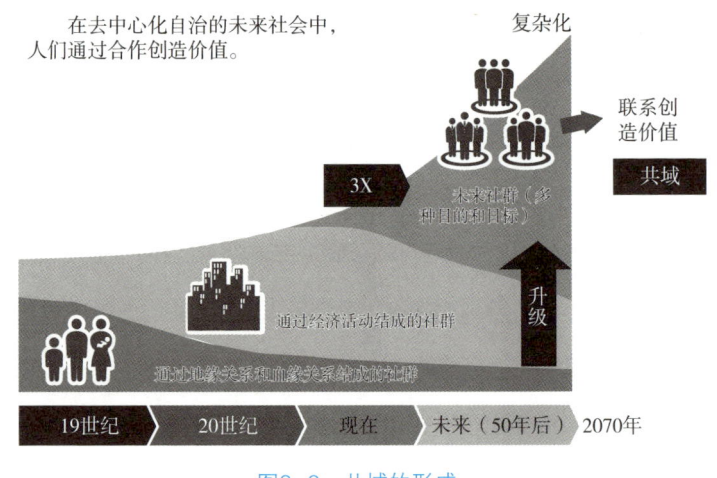

图3-2 共域的形成

来，促进人们通力合作。

现在的网络社区存在各种问题，成为民族主义和各种歧视的温床，它们排斥多样性，不断制造分裂和差异，这是不可否认的现实。我们所追求的共域，并不是高度同质化的成员们聚集到同一平面，去追求生存或经济效益这一单一目的，而是在繁荣和可持续发展这一共通的社会目标之下，具有自律精神的个体通过社群与社会连接到一起，所有成员合作创新，共同促进社会发展。

人与人之间的联系不再是固定的，它变得更有弹性、更灵活。人类的活动场所横跨现实和虚拟两个世界。社群的运行规则不再具有自上而下的强制性，而是成员为了达到共同的大目标而自发形成的。成员们的角色也不是被分配的，而是自己创造的。社群创造出来的价值不被任何人独占，而是以互惠互利的方式被

使用。这就是去中心化自治的个体之间合作创造价值的机制。

共域萌芽的三个社群

如前文所述，"共域"横跨现实与虚拟两个世界，具备自我探索、共创价值、价值交换这三个功能，是人类利用3X打造的新型社群。尽管目前还不存在能够满足以上所有条件的共域，但是世界各地已经开始出现一些新型社群，它们积极利用现有技术不断创造出新的价值。

本节将介绍三个案例，它们与第1章论述的五个目标关系密切，未来有可能发展为共域。

共同创造健康价值的社群——弘前大学创新中心

有了健康，才可能有幸福。弘前大学创新中心（Center of Innovation，COI）是一个致力于创造健康价值的社群。它原是一个健康促进项目，项目组以日本弘前大学为据点，在青森县弘前市开展了15年以上的健康体检与医学知识普及活动，通过多年积累的大数据推动开放式创新。

青森县居民的平均寿命在日本各县排名最低，是居民寿命最短的县（截至2020年）。其原因主要是人们有各种不良的生活习惯，包括较高的吸烟率、饮酒率、肥胖率，以及低体检率等。

要提高人均寿命，必须提高当地居民的健康素养。怀着这种使命感，弘前大学从2005年开始开展居民体检活动，这就是弘前大学创新中心项目的来源。

无论是从规模上，还是从细节上，这种健康检查都远远超过了普通的体检。项目组每年为大约1000名居民体检，检查内容除了有基因组分析数据、体质和人体构成等体能数据、肠道和口腔的菌群和代谢物等生化数据、睡眠和饮食等生活数据之外，还包括工作方式和家庭构成等社会环境数据，林林总总超过了2000项。迄今为止他们收集了超过20000人的体检数据，形成了世界上少有的、丰富的健康大数据。项目组之所以每年收集数据，并将其转化为大数据，是因为他们非常清楚这将创造出新的价值。

2013年健康体检项目被纳入日本文部科学省①的创新中心项目，许多大学、企业、研究机构也纷纷参与其中。2018年，弘前大学成立了"健康未来创新中心"，成为产业界、大学、政府、居民共同合作的基地。这里的工作包括确定疾病的风险因素、研究新的预防措施、开发新算法来预测痴呆症和其他与生活习惯相关的疾病。不同领域的参与者在这里进行跨专业合作研究，他们相继开发出各种产品和服务。这里成为医疗健康领域开放创新的

---

① 日本文部科学省：日本中央政府行政机关之一，负责统筹日本国内的教育、科学技术、学术、文化和体育等事务。——编者注

重要平台。

这是一个研发型社群，他们与京都府立医科大学（位于京都府）、和歌山县立医科大学（位于和歌山县）、九州大学（位于福冈县）、名樱大学（位于冲绳县）等研究基地开展数据合作，成功跨越地区壁垒，规模正在不断扩大。

与此同时，项目组还积极利用这些成果开展医学知识普及活动。无论在社区、职场还是学校，所有人都更加关注健康，积极改变不良行为习惯，保持健康的体魄。他们还自主开发了一个将健康体检和医学知识普及结合在一起的项目，目的是促使人们改变不良生活习惯，从过去只了解体检结果，转变为知道应该怎样做才能更加健康。这一活动不仅在日本国内受到了支持，而且还在国际上受到了欢迎，2019年越南就引进了他们的健康体检与医学知识普及项目。

项目组将拥有共同健康目标的人和组织联系到一起，他们与利益相关者合作，利用DX找到新的解决方案，创造出新的产业，推动BX与CX的发展。从这一角度来看，弘前大学创新中心体现出来的活力具有真正的共域性。

还有一点需要注意，这里积累的大数据基本上都是健康人的数据，与此相关的研发和商业行为更注重疾病的预防而不是治疗。该项目提出的"健康的力量"理念，与第4章中的"进攻型健康观"本质上是一致的。

创造更多联系的虚拟社群——《集合啦！动物森友会》

虚拟空间中有一些社群正在苗壮成长，它们使人与人之间的联系更密切。当前因为新冠肺炎疫情，人们在现实中的活动受到严重限制，而网络游戏虚拟社群却因此而蓬勃发展起来。

任天堂Switch平台的游戏《集合啦！动物森友会》就是一个典型的例子。在这款游戏中，人们可以在无人岛上体验四季变迁，欣赏自然美景，还能与动物互动，享受悠闲的生活。这款慢节奏生活休闲游戏于2020年3月开始发售，截至2020年11月，全球累计销量超过2604万套。

在这款游戏中，玩家移居到一个干净的无人岛上，他们首先要支起帐篷，在那里居住一段时间。然后开始制造工具，建造房屋，开设文化设施和商店，充实岛内的生活。他们还可以往来于其他玩家居住的岛屿，扩大交流。

《集合啦！动物森友会》之所以在世界上大受欢迎，吸引了众多玩家，主要原因是游戏设计了多样化的世界观。无论现实中性别、年龄、国籍、种族如何，玩家都可以依据自己的喜好，为游戏中自己的角色定义肤色、发型和服装。玩家可以在展示个性的同时，享受没有冲突的和平生活。

游戏中也体现了地域文化。玩家可以在每个季节拿到当季才有的物品，例如2021年新年，玩家可以得到带有日本特色的草绳装饰和年糕，以及俄罗斯新年传统的奥利维耶沙拉、韩国传统的掷棒桌游等世界各地的传统物品。这些看似是微不足道的细节，却可以帮助人们去理解和包容不同的文化。在现实社会中，人们对多样性的接纳和包容迟迟难以推进，在虚拟社会中却率先实现了。

《集合啦！动物森友会》大受欢迎的另一个原因是，玩家不仅可以与现实世界的其他玩家建立联系，还能与人工智能控制的动物们建立联系。动物不仅是游戏玩伴，还能帮助玩家之间相互建立联系。这就是第5章介绍的人类与其他物种之间能够互通情感、共享经验，以及第6章介绍的人类与人工智能和谐共处的未来世界。

除了《集合啦！动物森友会》之外，还有许多虚拟世界的社群因为新冠肺炎疫情而迅速发展，形成了百花齐放的繁荣局面。例如大受欢迎的网络游戏《堡垒之夜》（*Epic Games*）作为虚拟世界中的电影上映和演唱会的举办场地因而备受关注。截至2020年，这款游戏的玩家数量超过了3.5亿人。

*VRChat*也是一款用户数量增长迅速的游戏。在这款游戏中，用户可以通过3D虚拟身份进行交流，它等同于VR版的社交软件。不过这款游戏之所以广受欢迎，并不仅仅因为它是一个有趣的社交工具，人们还可以把自己制作的VR游戏或应用程序发布到这款游戏中。换句话说，*VRChat*是一个VR平台，人们可以在这里共同

创造价值并交换价值，进行各种创新活动。

21世纪初期，虚拟世界平台"第二人生"（*Linden Lab*）引发了一波社会热潮。如今它因为积极举办在现实世界中极大受限的派对、会议、研讨会而再次受到关注。

"第二人生"，顾名思义，是可以体验第二个人生的虚拟世界。在虚拟世界中，人们的行动拥有高度自由。与其他被动型交流的游戏相比，在这款游戏中，玩家可以利用给定的条件积极与他人互动，而且可以拥有土地、房屋、家具和衣服等财产（尽管它们只是虚拟的）。玩家可以从事创造性活动，并且能够自由买卖游戏中创造的物品和服务。这种"新型经济圈"的概念在此前虽然也受到关注，但是因为当时技术水平有限，所以这一概念没有得到充分发掘，而未来在3X的推动下，这种游戏将有很大的发展空间。

在3X的助力下，现实空间与虚拟空间将更紧密地融合起来，类似的社群也将得到进一步发展。随着VR、AR的进步，人们在虚拟空间里的体验将变得更加真实，将来人们或许会以"数字居民"的身份舒适地生活在虚拟世界的城市中。人们还能够通过远程控制分身机器人，在遥远的异地开展真实的活动。这种现实与虚拟的共同发展对我们的社会极为重要。

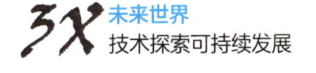
振兴区域社会的互助互惠社群——区域货币基姆高尔

在德国南部的巴伐利亚州，有一处风景秀丽的旅游胜地基姆湖，它距离慕尼黑大约80千米。在基姆湖半径50千米的范围内，生活着大约50万人，他们日常使用一种名叫基姆高尔（Chiemgauer）的区域货币。

基姆高尔是目前德国应用最广泛的区域货币，它是由当地高中教师克里斯蒂安·格雷利和他的学生设计出来的，最初目的是筹集资金更换教学设备。基姆高尔于2003年1月首次发行。

基姆高尔可以与欧元进行等价交换，货币价值与欧元相同。消费者使用100欧元可以兑换100基姆高尔，在当地商店中，100基姆高尔的购买力和100欧元完全相同。基姆高尔的发行单位是基姆高尔事务局，但是负责销售的却是当地非营利组织（NPO）。非营利组织从事务局以九七折购入基姆高尔，销售之后将获得3%的差额利润，他们将这部分差额用作活动经费。消费者想支持哪种区域活动，就从负责该活动的非营利组织手中购买基姆高尔，这样就相当于为他们捐款。基姆高尔兑换欧元时需要交纳5%的手续费，其中的3%用于区域发展，剩下的2%用于事务局的日常运转。

这种机制的优点是参与者都能享受到好处。当地的商店能够增加销售额，非营利组织能够获得活动经费，消费者可以轻松参与各种活动，为自己居住的地区做出贡献。将人们的消费行为限制在固定的区域之内，能够激活当地经济，促进产品自产自销。换句话说，该地区的社会和经济将更加繁荣。本书第6章将提到，社会互助互惠体系是自我实现的基础，基姆高尔正是社会互助互惠体系的良好样本。

如果说像欧元这样的中心化法定货币体系更重视量的发展，那么基姆高尔这样的去中心化自治区域通货则更注重质的发展，亲和力更强。区域循环经济加强了居民、当地组织和企业等利益相关者的联系，每个人的福祉也将因此得到改善。

为了加快基姆高尔的流通速度，他们采取了一种折旧机制，每三个月基姆高尔价值折旧2%，这是基姆高尔的一大特色。如果把基姆高尔放到钱包中而不去使用，那么三个月之后，100基姆高尔将变为98基姆高尔，六个月之后，它将变成96基姆高尔。因此，人们都不会存储基姆高尔，而是积极地消费它。要管理这种减价货币，人们需要给每张货币设定使用期限，并在折价后的面值上盖戳标明，手续非常烦琐，这限制了基姆高尔的推广和使用。不过如果利用数字技术，将电子货币引入基姆高尔，那么这些手续都可以自动完成。事实上，基姆高尔已经于2006年转型为电子货币。

2020年10月，他们又推出了"环境津贴"，对那些减少碳排放的消费行为给予积分鼓励。这一机制主要是利用数据为环保行为提供奖励，是实现社会可持续发展的必要手段。现在，很多区域货币项目无法长期执行下去，在这一背景下，基姆高尔的可持

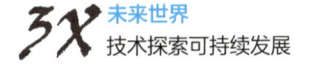

续发展值得关注。本书将在第8章介绍人们应如何利用数据改变个人习惯和行为。基姆高尔的应用正是一个好的案例。

共域的创建与实践

三菱综合研究所也非常重视创建共域，长期以来一直把它作为一项重要的企业活动。例如，我们从2017年开始提倡的"逆向交替出勤"就属于将大城市与地方联系在一起的共域制度。这种制度主要面向企业，鼓励企业员工前往地方工作一段时间。对员工来说，迁居或者换工作很困难，但是到外地工作几周却比较容易做到。江户时代的交替出勤制度促进了人口流入城市，而今天的"逆向交替出勤"则相反，它能够增加地方上的人口数量。此处的人口是指"往来频率高于游客，但却并非迁居者"的人。在逆向交替出勤制度之下，当地交通工具和住宿设施的利用率将上涨，地区经济将得到发展。

2018—2020年，我们开展了"丸之内铂金大学"项目，为商务人士提供职业讲座，并且在北海道上士幌町和长崎县壹岐市等六个县市町进行了"逆向交替出勤（试行）"的试点工作（如图3-3）。在短短的两天三晚，我们体验了异地工作，实地考察了当地的状况，并与该地区的重要人士进行了交流。2020年，日本仍处于新冠肺炎疫情的阴影之下，当时我们在网络上直播了玄界滩壹岐岛早市的场景，当地老人向网友们介绍自产蔬菜和海鲜产品，结果网络订单如潮水般迅速涌来。直播观众与当地民众也有互动，例如来自东京的观众看到直播画面不清晰，主动要求提供自己公司的视频控制技术。这说明，只要我们构建了新的联系，即使是很少的交流，也会产生不可思议的化学反应。近几年，越来越多的商务人士采取了边工作边度假（workcation）的工作模式。究其原因，不仅因为它将工作与度假结合起来，使人更加放松，更重要的是，它还融合了交流、学习、贡献、创新等诸多要素，具有更广阔的发展前景。

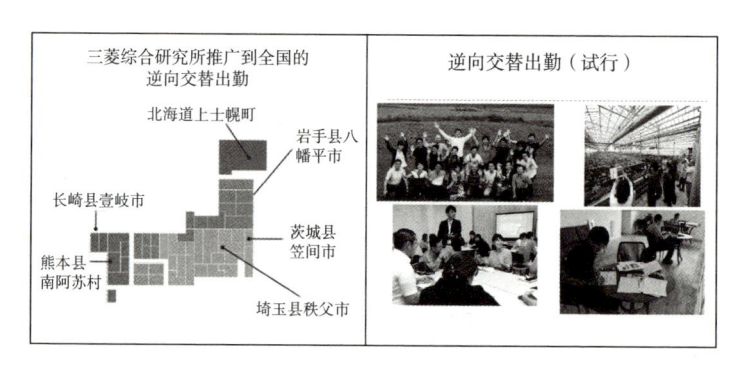

图3-3　逆向交替出勤（试行）

在边工作边度假的模式下，人们可以自由设定工作目标和形式。例如，致力于开拓新业务、带动地方发展的"地方创新型"，以健康管理为目标的"身心护理型"，从事中青代人才培养的"武士修行型"，在人生节点暂时回故乡工作的"育儿护理型"以及与高级职员转行相关的"第二职业型"，等等。

日本如今已经进入人口下行期，大城市与地方之间开展抢人大战是没有意义的。人们无须在大城市和地方、现实与虚拟之间做出非此即彼的选择。我们要做的是共享资源，在去中心化自治的合作社会中寻求建立新型社群。

现阶段，我们正在推进数字区域货币服务"区域环"（Region Ring™）（如图3-4），致力于解决区域课题。这将是基姆高尔等区域货币的基础平台，它利用区块链技术，将区域货币、积分等的发行、使用、管理机制统一起来，在解决各种区域课题的同时，推广人与人之间、人与社会之间的多样性联系，引导当地居民开展新行动，提升地方价值。

在"百亿人口、百岁人生时代"，实现国民富裕与社会的可持续发展

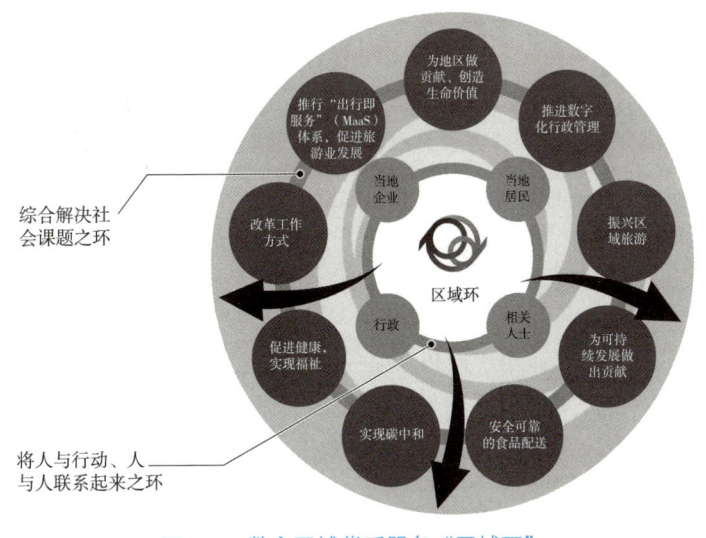

图3-4 数字区域货币服务"区域环"

　　这一平台的具体应用案例是"东京币"（Tokyo Your Coin，2019年发布的职场型货币）。东京为了鼓励市民拿出具体行动来达成联合国可持续发展目标，同时推动无现金社会的发展，推出了上述数字区域积分制度。只要参与者的行为有助于达成联合国可持续发展目标，例如错峰通勤、减少塑料制品的使用等，就能得到相应的积分，市民可以将赢得的积分兑换成现金使用。

　　三菱综合研究所受托主持了东京币2020年1—2月的试点工作。从结果来分析，我们发现有越来越多的人参与到环保行动中，参与试点的商店顾客云集，生意兴隆。通常来说，人们的行为改变会经历"认知→关注→实践→行动扩大、反复→固定"这一过程。本次试点工作对于最初阶段的认知和关注方面影响最大。我们提供了本地区13种有助于实现联合国可持续发展目标的活动清单，并且在企业和商店的支持下开展了活动。这说明我们能够创建适当的环境，使地区整体都能够参与进来，帮助社会实现可持续发展；也能建立适当的机制，利用联合国可持续发展目标，将个体与企业联系起来。

　　今后，DX将同BX、CX交叉起来融合发展，它们构成的3X体系将为人类提供更加多样化的价值，并帮助我们进行价值交换。这种方法可以更有效地引导人们使用区域货币等经济激励手段改变生活习惯，与此同时，还能强化社群之间的联系，解决许多社会性课题。

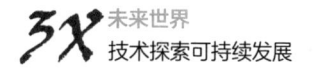

以上是对未来社会的双引擎——3X与共域的介绍。从下一章开始，我们将具体论述如何利用3X和共域来实现第1章提出的五大目标。

第 4 章

改变我们人生观的

"进攻型"健康观

健康观由"守"向"攻"转变

在未来50年内，人类的平均寿命肯定会继续延长，百岁人生将成为现实。3X将极大地改变我们度过时间的方式。我们应该如何度过漫长的人生，如何看待决定人类福祉的健康问题？与此类问题相关的，例如我们的人生观、健康观，都会发生巨大变化。

约300年前，江户时代儒学家、医生贝原益轩写出了整整8卷的健康指南《养生训》。该书以通论起，按照饮食、五感、防病、用药、养老五个主题展开论述。《养生训》以养生贯穿全书，在书中，贝原益轩建议人们抑制欲望，诸事注意节制，生活要秉持中庸之道，他认为这才是健康长寿的关键。

以现在的知识来看，书中部分内容或有存疑之处。不过少年时期体弱多病的贝原益轩居然享寿83岁，这说明他对养生的确具有独到见解。再加上这部著作是他晚年的代表作，这足以证明养生真的可以带来健康长寿。

但是我们还要看到事情的另一面。在过去，人类的生命不断受到灾害、饥荒、瘟疫和战争等外部因素的威胁，为了达到长寿的目的，我们不得不挑战身体极限，放弃满足自己的欲望。我们将生活当作一种手段，放弃舒适的生活方式以达到健康长寿的目的。而现在，这种健康观正在发生变化。人类利用技术力量克服了各种难题，我们可以尽情追求自己喜欢的生活方式，而无须担心生命受到威胁。人们从害怕疾病、被动与疾病斗争的"防守型"健康观，逐渐转变为预防和早期发现疾病，保持良好的身心状态，发挥自身潜力的"进攻型"健康观。在不久的将来，健康将变成我们度过美好人生的一种手段。

尽管前景美好，但是现在日本人的平均寿命和健康寿命之间仍有一定差距，其中男性的差距为9年，女性的差距为12年。也就是说，在人生的最后10年中，有很多人生活质量并不高，日常生活中有各种不便。还有不少人因为身体或精神上的疾病，无法将个人的潜力全部发挥出来。在这种情况下，即使人类实现了长寿，幸福感也会很低，那么这种寿命的延长并没有太大的意义。只有当人们拥有了选择权，有能力按照自己的意愿去度过晚年时光，人生才是充实和丰富的。

要提升人们在人生每个阶段的幸福感，那就一定要利用3X提高健康寿命，并且使个人的平均寿命的提高速度高于健康寿命的提高速度。我们想要创造的是这样的未来：人类的极限被突破，身心健康得到发展，潜能得以发挥，每个人都能过上独立的、自律的人生。

未来的生活方式和健康状态由自己掌控

现在，在多数人的认知中，健康指的就是生病之前的状态，但是在百岁人生的时代，这种健康观一定会过时。如果人们利用3X建立起健康保障设施，帮助我们维持良好的身心状态，做好疾病的预防、早期发现和早期治疗，那么我们便可以更好地控制癌症和生活习惯病，将身心保持在更好的状态。

身心维持良好状态的时间越长，我们的工作效率就越高。即使身体或精神方面出现了问题，我们也可以利用人工智能、机器假肢、分身机器人来填补身体的缺憾。不仅如此，人类增强技术甚至能让我们拥有"超能力"。人们将有更多的机会在社会上大展拳脚，更积极地参与社会活动，与社会的联系也将更加紧密。在3X的助力之下，在人生的每个阶段，人们都可以按照自己的想法保持和提高身心状态，充分激发自身潜能。但这并不意味着每个人都要成为半机械人。重要的是，每个人都能按照自己期望的方式去生活，能够自主选择适当的方法来维持身体健康。

有的人在年老之后仍然想要独立生活，此时他们或许因为年老体衰导致身体机能和认知功能出现障碍，这种情况下，他们可以利用机器假肢、头盔式脑功能改善仪等辅助设备来解决问题。如果有人想像超级英雄那样拥有超能力，他可以使用分身机器人，或者利用机械来武装四肢，增强身体机能，突破人体极限。

当然，我们也可以只利用3X来维持身心健康，不特意去增强身体机能，而是顺其自然地生活和工作（如图4-1）。

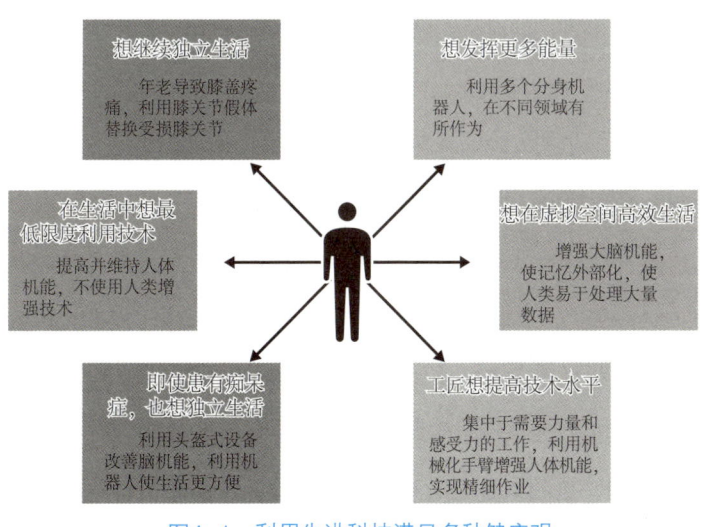

图4-1　利用先进科技满足多种健康观

设立奖励措施，鼓励人们保持健康体魄

尽管在技术层面，我们能够提高身体机能，做到延年益寿，但是在社会层面仍然存留着一些问题，例如医疗护理费用的增长，以及经济水平和健康方面不平等的加剧等。

将来，要使社会保障制度得到落实，从社会层面支持医疗护理行为，就必须做到两点。第一点是削减医疗成本，第二点是保证税收政策的落实。为此，重要的是建立一种机制，激发人们维持健康的意愿和斗志。要实现这一点，一定要借助DX的力量，制定详细的、个性化的制度。

例如，我们可以建立个人健康档案，管理个人数据，包括治疗史、生活习惯等。假如一个人有运动的习惯，由于这有助于保持身体健康，因此保险机构可以为他减少部分保费。这样一来，健康习惯更易于在社会上得到普及和推广。不过这种制度需要国家保险机构与民间保险公司的共同参与。每个人周围的环境不同，生活习惯不同，奖励措施也理应不同。这种奖励措施能够使人们的行为自然而然地得到改变，从而使每个人的健康状况都得到改善。

利用3X构建创新型医疗护理设施

要构建理想的未来社会，首先要建立医疗护理设施，这是未来50年不可缺少的基础设施。

要实现前文所述的"进攻型"健康观，我们需要完成三大目标，分别是"利用DX改善并保持身心健康""利用CX实现患者参与型医疗""利用DX、BX创造有利于个人发展的社会环境，进一步提升个人能力"。为此，我们需要建立并完善以下六种设施（如图4-2）。

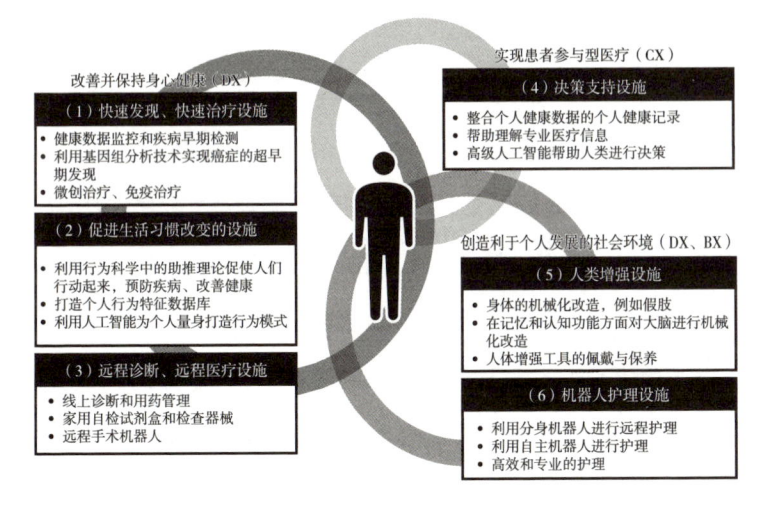

改善并保持身心健康（DX）

（1）快速发现、快速治疗设施

- 健康数据监控和疾病早期检测
- 利用基因组分析技术实现癌症的超早期发现
- 微创治疗、免疫治疗

（2）促进生活习惯改变的设施

- 利用行为科学中的助推理论促使人们行动起来，预防疾病、改善健康
- 打造个人行为特征数据库
- 利用人工智能为个人量身打造行为模式

（3）远程诊断、远程医疗设施

- 线上诊断和用药管理
- 家用自检试剂盒和检查器械
- 远程手术机器人

实现患者参与型医疗（CX）

（4）决策支持设施

- 整合个人健康数据的个人健康记录
- 帮助理解专业医疗信息
- 高级人工智能帮助人类进行决策

创造利于个人发展的社会环境（DX、BX）

（5）人类增强设施

- 身体的机械化改造，例如假肢
- 在记忆和认知功能方面对大脑进行机械化改造
- 人体增强工具的佩戴与保养

（6）机器人护理设施

- 利用分身机器人进行远程护理
- 利用自主机器人进行护理
- 高效和专业的护理

图4-2　新型医疗护理设施与相关技术

（1）早期检测和治疗设施——快速发现、快速治疗设施

在健康维护方面，到2030年，我们将建立一整套机制，通过智能手机、可穿戴终端以及安装在生活环境中（例如墙壁或家具）的传感器收集个人健康数据，持续监测每个人的健康状况。一旦身体出现异常（包括认知功能低下），传感器会马上向医疗护理机构报警。

癌症的早期检测和治疗机制也将进一步完善。到2040年，人们将利用液体活检法进行基因组分析，做到癌症的早期检测。在治疗方面，到2050年，机器人手术、免疫疗法等创伤小、恢复快的治疗手法将获得进一步发展。

通过基因组信息，有更多疗效好、副作用小的药物被筛选出来，越来越多的疾病单靠药物即可治愈。

（2）不知不觉间变得更健康——促进生活习惯改变的设施

到2040年，维持身心健康的机制将推广到全社会，人们会自然采取行动改善不良生活习惯。这种机制除了利用行为科学的助推①（nudge）理论之外，还将个人数据（关于性格特点、周边环境、行为模式等）和客观的健康数据结合起来，为个人量身打造行为模式，帮助改变不良行为习惯。

（3）在线医疗屡见不鲜——远程诊断、远程医疗设施

远程诊断和远程医疗设施将逐渐完备。到2030年，社会上已经普及线上诊疗和用药指导服务，人们可以通过自检试剂盒，居家进行心音检查和简单的血液检测，并且患者、医生和医疗机构共享检测结果。到2050年，每个区域医疗中心都能够开展外科远程手术。

（4）每个人都能做出无悔的选择——决策支持设施

到2030年，全社会将会普及整合了个人健康数据的个人健康记录。届时，人们能获得更好的治疗和复健意见。个人健康记录中包括病史、治疗史、与健康相关的行为史（例如吸烟和喝酒

---

① 助推是一种科学地改变行为的方法，它利用行为科学的知识，通过一些精心的设计（例如文本、表现），让环境形成推力，推动人做出选择。 这一理论的提出者是 2017 年诺贝尔经济学奖获得者、芝加哥大学教授理查德·塞勒（Richard Thaler）。

等）以及家族患病史等。

到2040年，医疗翻译人工智能将得到普及，专业的医疗信息将被翻译成通俗易懂的表达方式，患者与医疗专家能够进行平等对话，逐步以主体的角色参与到医疗行为中。

人工智能还能够与促进行为改变的设施相结合，在患者接受医疗服务时，帮助患者做出决策。到2050年，人工智能将从单方面被人类使用的工具升级为人类的搭档，与人类探讨各种利弊，帮助人类做出决定。

（5）利用机器，增强身体机能——人类增强设施

人类增强技术将不断发展，相关设备的维护机制也得到完善。到2040年，残疾人的假肢和外骨骼将具备通信功能，内部将加装动力，并且能够在云端接受日常保养和升级。健康人也可以利用这些技术来开展工作，到2050年，人们将能够使用分身机器人进行异地作业。

到2070年前后，人们将能够利用多种人类增强技术，扩展身体机能，例如在体内嵌入芯片，控制身体的机械化部位；利用特殊眼镜增强视觉信息等。除此之外，还有在大脑中植入芯片，使记忆外化，提高认知功能，以及对电磁刺激装置的使用等。这些机器都将实行远程管理，能够及时、实时进行维护保养和升级。

（6）独立生活到人生最后一刻——机器人护理设施

到2030年，DX将渗透到护理领域，帮助人们提高护理工作的效率。在DX和BX的助力之下，人们可以在监控老年人和残疾人健康状态的同时，为他们提供安全高效的护理服务，或者为他们的独立生活提供帮助。

有些地区因为老龄化严重、人口长期减少导致劳动力不足。到2050年，分身机器人将得到普及，人们通过远程操作就可以开展各种作业。我们还可以利用机器人为老人和残疾人提供护理服务。人们将开发出新一代机器人和人工智能，它们能够自主照顾人类。在它们的帮助下，人们能够独立生活并参与社会活动，直至生命最后一刻。

实现个性化医疗护理服务

要将创新型医疗护理设施推广到全社会，必须建立"共域"，推动社会接纳新技术。尤其在医疗和健康领域，因为它们所涉及的内容往往与伦理观、人生观、价值观有密切关系，是社会中每个人福祉的基础，所以，我们需要在RRI的指导下，积极利用虚拟空间，与市民一起努力，推动社会接受新技术。

与此同时，我们还必须改革医疗和护理保险制度。现在，日本的医疗护理费用达到了499000亿日元，随着社会老龄化的发展，老龄人口的数量将在2040年达到顶峰。届时，医疗和护理费用预计将达到929000亿日元①（如图4-3）。老龄人口增加的同时，劳动力却在不断减少，如果现在不做出改变，那么将来每1.5个年轻人就要赡养一个老人，这将是一项沉重的负担。

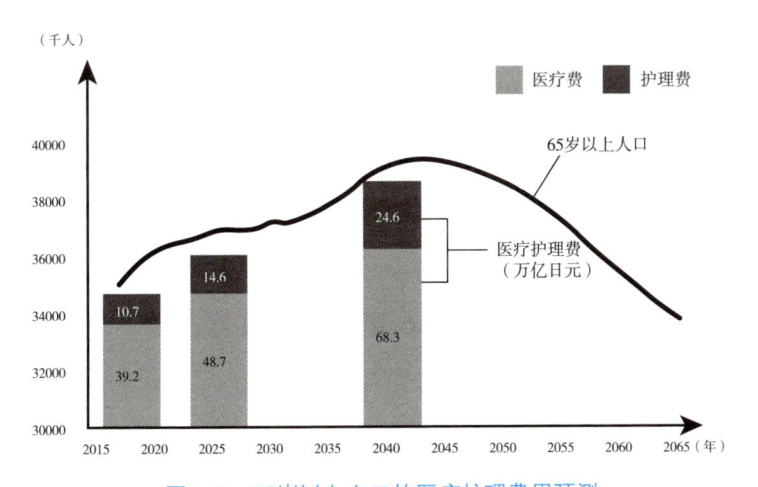

图4-3　65岁以上人口的医疗护理费用预测
资料来源：三菱综合研究所根据2018年5月21日日本内阁官房、内阁府、财务省、厚生劳动省发布的《2040年社会保障预测》创建。

这种负担不仅体现在税金和保险费上，将来，劳动力的数量很难满足逐渐高涨的医疗护理需求。日本现在实行的是全民医疗保险制度，所有人都能平等地参与保险，每个人的保险条文和保

———————————
① 三菱综合研究所根据内阁官房、内阁府、财务省、厚生劳动省发布的《2040年社会保障展望（讨论稿）》和内阁府发布的《中长期经济财政预估报告》做出的预测。

险基准也毫无二致，这导致在具体操作时容易出现浪费现象。换句话说，现行的这种保险制度很难解决"2040年问题"。

要使保险制度持续运转下去，必须建立适当的机制，利用数字和生物技术详细掌握每个人的健康状况，向需要的人提供必要的医疗护理服务。具体来说，如图4-4所示，关键要在以下三方面做出改革：①提高医疗护理服务的效率；②敦促个人改变生活习惯；③改革医疗收费制度。

在提高医疗护理服务效率方面，当务之急是要加速从机构医疗到居家医疗的转变，同时还要发展在线医疗护理服务。在敦促个人改变生活习惯方面，我们需要引进轻症保险免责政策，提高老年人医保费用中个人承担的比例，扩充非处方药种类，采取奖励措施，鼓励个人采取行动防止慢性病恶化等。

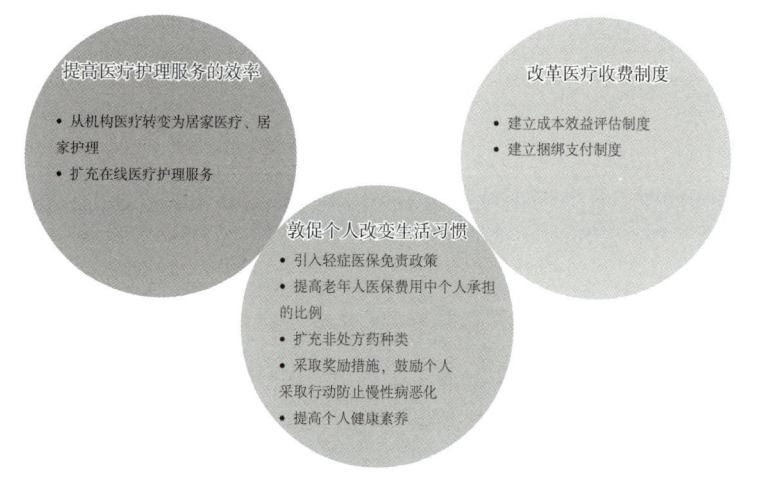

图4-4 可持续发展的医保制度概念图

在医疗收费制度改革方面，需要建立成本效益评估制度和捆绑支付制度。除了个性化激励制度的实施需要相当的时间之外，其他改革均可以在2040年前完成。

日本的人口老龄化正以前所未有的速度发展，2020年，日本老龄化率大约为29%。日本泡沫经济破裂之后，日本进入了20年的低速发展期。为了促进经济增长，政府将主要精力集中到经济上，这导致财政整顿和关键的医疗护理保险制度改革被推迟。日本的老年人口数量即将达到顶峰，留给我们的时间已经不多了。

在医疗领域，国民享受医疗服务，同时需要交纳服务费；医疗护理机构及其从业者、制药企业负责提供服务。在变革过程中，这些不同的参与者之间经常出现利益冲突。因此，要在医疗改革方面达成共识并非易事。尽管如此，所有相关方都必须要有改革的危机感，政府和社会要立即着手将改革提上日程，广泛听取公众意见。

3X助力打造"进攻型"健康观

要建立创新型医疗护理设施，需要引进各种新技术，其中有很多技术现在已经开始在社会中应用。我们将要介绍的是3X的应用案例，它们可以帮助我们保持身体健康，在最大程度提高身心状态。

吃药即可进行可视化体检——可食用传感器

如今，信息通信技术设备的性能越来越好，体型越来越袖珍，它们能够在不知不觉间进入人体，为我们获取健康数据。智能手表等可穿戴传感器已经进入我们的生活，并被广泛使用。能够进一步收集人体数据的"可食用传感器"的研发也取得了进展。

荷兰One Planet研究中心主要从事预防医学和精准农业的跨学科研究。他们正在开发一种智能药丸，其中嵌入了生物传感器，只需服用下去就可以进行肠道环境检查。这种药丸可以测定肠道环境以及炎症相关的生物标志物，帮助人类掌握身体的营养摄入和健康状态。肠道深藏体内，直接做出诊断很困难，而这一颗小小的药丸就可以解决难题。

可食用传感器已经投入应用。大冢制药研发的"数字药品"已经于2017年11月获得美国食品药品监督管理局（FDA）的审批。他们将传感器嵌入抗精神病药剂中，患者吞服药物后，传感器就会发送信号，患者可以通过智能手机的应用程序来管理服药情况。

迄今为止，我们只有当身体出现发热、疼痛、瘙痒、疲倦等症状时才知道身体出现问题。但是，如果把传感器安放到身体里，即使我们的身体没有任何自觉症状，传感器也能够迅速发现身体的异常，做到疾病的早期检测。

可食用传感器将沿着与食物相同的路径通过消化器官，在此过程中不断收集信息。随着传感器技术的发展，将来我们既可以监控面向体内的摄入行为（例如饮食、运动等），也可以监控面向体外的输出行为（例如排泄等）。人类将利用数据掌控身体，实现身体的数字孪生。如果能够掌握每个人不同的代谢情况，就能够极大地促进个性化医疗的发展，在很大程度上抑制疾病的发生。

利用应用程序治疗生活习惯病——物联网设备改变生活习惯

现在，很多人都在利用智能手表、活动量计和身体成分分析仪等物联网设备进行日常健康管理。除了利用设备之外，人们也在积极摸索另一种模式，即通过改变生活习惯来治疗某些疾病。

其中，治疗有望取得突破的是生活习惯病，尤其是糖尿病。日本每7位成年人中就有1人罹患糖尿病[1]，改变生活习惯对于2型糖尿病人来说尤为重要。糖尿病患者平时并没有自觉症状，但是不知不觉间病情会不断发展，如果高血糖状态一直持续的话，全身血管将受到损伤，同时还会引发神经病变、失明、肾功能障碍等严重并发症。在严重的情况下，腿部的小小伤口都会形成坏疽，导致截肢。糖尿病患者往往需要持续注射胰岛素或者透析才能维持生命，这不仅严重影响患者的生活质量，还会给医疗资源

---

[1] 根据厚生劳动省《2019年国民健康与营养调查报告》中"糖尿病高风险人士"的百分比计算。

和财政资源带来压力。所以无论对于个人还是社会来说，如何阻止糖尿病的恶化都是一个重大课题。

防止病情恶化的关键是改变饮食习惯和运动习惯。有不少人在被诊断为糖尿病高风险之后也不去看医生。即使去了医院，医生也很难在生活习惯方面给予准确的意见。因为要给出准确的意见，医生需要精准了解每个人的生活背景，然而这些信息都很琐碎、分散，要完全掌握非常困难。

在这种情况下，我们可以利用物联网技术，采取自我监控的措施来治疗糖尿病。在2型糖尿病的重症预防方面，日本于2017—2019年开展了一项名为PRISM-J（利用物联网改变生活习惯，进而改善2型糖尿病血糖状况的效果验证）的国家项目。

该项目给2型糖尿病患者分发三种仪器，分别是可穿戴活动量计、智能身体成分分析仪和智能血压计。它们收集患者的健康数据并存储在手机上，手机应用程序将根据这些数据对患者的生活习惯做出综合评价，给出建议和鼓励，一直持续52周。如果在物联网设备与手机应用程序的共同干预之下，患者的血糖状况得到改善，那么这将有望成为糖尿病的新疗法。我们从前往往通过改变生活习惯来预防疾病，而现在在数字技术力量的支持下，改变生活习惯正升级成为一种治疗手段。

在日本，戒烟门诊率先采取了这种治疗方式。作为一款治疗用手机应用程序，2020年11月，用于戒烟治疗的"CureApp"首次纳入医疗保险。今后，如果类似的手机应用程序被批准用于糖尿病治疗，那么将来医生可能会开出一款手机应用程序作为处方。在美国，针对糖尿病患者的随访和指导的手机应用程序"蓝色星球"（Blue Star）已于2010年获得美国食品药品监督管理局的审批。

不过，至于采取怎样的措施来改变生活习惯，在这一点上，不同的民族和文化存在较大的差异，很难形成全球通用的标准模式。我们需要结合包括医疗在内各领域的知识，根据不同的地域和文化特性，制订计划来改变生活习惯，解决健康问题。

家庭变身为医院——在线诊疗

在新冠肺炎疫情不断蔓延的背景下，社会对在线诊疗的认可和需求迅速扩大。2020年4月，日本厚生劳动省批准医院从初诊开始开展在线诊疗，并将其定为"临时特例"。2021年4月，日本政府试图将此"临时特例"永久化开展下去。毫无疑问，此前受到种种限制的在线诊疗将获得迅速发展。

在线诊疗本来是为一些特殊患者准备的。他们生活在偏远的岛屿或人口稀少的地区，医疗资源匮乏，在线诊疗可以为他们提供一定的帮助。然而，新冠肺炎疫情极大地改变了社会对在线诊疗的需求。在人口密集的城市，人们在就诊时容易受到感染，因此越来越多的人转向在线诊疗。在线诊疗从"人口稀少地区的福利"变成"拥有巨大市场的服务",应用范围发生了极大改变。在这一背景下,不仅是医疗产业,包括具有人工智能和物联网技术的信息技术公司在内,各个行业都开始进军这一领域。

在线诊疗的问题是能否保证检查和诊断的质量。不利用监护设备,医生很难准确掌握患者的病情和状态,也无法进行听诊、触诊、采血或X线检查。除了开出药方之外,医生很难做出其他治疗行为。不过,随着技术的发展,这一问题将得到解决。现在,很多在线诊疗技术都相继被开发出来,并逐渐开始应用。例如远程听诊设备可以准确读取心音和心电图,并能够和他人分享这些数据信息;触觉传递技术能够将人的触觉转化为数字信号来传输;快速检测套装无须专业知识就能轻松上手,等等。

将来,在线诊疗的应用范围将进一步扩大。在治疗方面,各地将建立共享医疗中心,患者共享治疗设备和工作人员。即使在遥远的异地,医生也能下达指令,利用机器人进行操作治疗。这样一来,即使农村地区也将有更多机会享受先进的医疗技术服务。届时,东京的医生为冲绳患者进行远程手术将成为司空见惯的事情。

医疗咨询服务领域也将随着在线诊疗的发展进一步扩大。患者在去医院之前,可以先把症状告诉医生或药剂师,向他们请教处理办法。作为政府机构,日本经济产业省于2020年5—8月推出了远程健康咨询项目,委托民间医疗机构提供"妇产科在线诊疗""儿科在线诊疗""心理健康咨询"等免费医疗咨询服务。

美国也出现了一些新的预防医疗订制公司，例如新型医疗初创企业Forward公司，它实行会员制，会员每个月交纳会费就能够享受健康监测和高端医疗服务。此类公司会根据客户的个人生活习惯和基因特征为他们规划健康管理方案，客户的血液检查和可穿戴设备检测到的健康数据均与医疗机构共享，客户的身体和心理状态一直处于公司的监测中。例如，当出现心肌梗死的警报时，公司会马上督促客户做检查，同时给予适当的治疗。看诊可以面对面进行，也可以在线进行。

随着在线诊疗的发展，先进的医疗服务将逐渐融入人们的日常生活中，患者不仅可以居家就诊，还能从各种医疗服务中选择自己真正需要的服务。个人对医疗服务的满意度不断提升，医疗资源也在整体上逐渐优化。

生化电子人——机器与身体的融合

覆盖着硅胶人造皮肤的手灵巧地动起来，轻轻捏住一粒葡萄……2016年，一款名为"卢克臂"（Luke Arm）的假肢问世，震惊了世界。这款高科技假肢是由美国国防部研究机构国防高级研究计划局（DARPA）出资，由美国犹他大学（The University of Utah）研发。佩戴者可以用意念来控制它，身体的肌电电极发出电信号，控制多个动力系统，并通过无线运动传感器或肌电传感器传导到肢体上，再现手部的细微动作。这一场景不禁让我们想到科幻电影《星球大战》（Star Wars）。电影中卢克·天行者（Luke Skywalker）的右臂被达斯·维德斩断之后，装上了可以自由活动的机械臂，其精密性和灵活程度毫不逊色于真正的手臂。

在日本，东京大学下属的一家初创公司研发出了一款高性能、低成本的动力假肢，并且马上将进入应用阶段。这款假肢本身具备动力，能够和身体协调联动，帮助患者做出起立、行走和爬楼梯等动作。

机器与身体的结合，不仅可以弥补身体缺陷，还能积极增强人体功能。东京大学与庆应义塾大学合作开发的"融合"（Fusion）是一款代表未来发展方向的可穿戴机器。只要背上背包系统，人的背后就会"长出"两个机械臂。不过，操作机械臂的却是位于异地的另一个人。操作者戴上头显，就能获得与佩戴机械臂的人相同的视野。他只需移动自己的手臂，就能够自由操纵另一个人身上的机械臂。这是一种远程操控系统，能够帮助我们执行远程协同作业。人们可以在两条机械臂的帮助下搬运重物，还可以让机械臂教给真正的手臂一些动作。这是一种以身体为媒介的新交流方式。

现在已经有各种强化服产品投入应用，帮助人们减轻活动时的负担。已经推广普及的产品绝大多数都应用在医疗护理、农业、制造业领域。人们在作业过程中，可以利用它们保护腰部和

背部免受损伤。其中有一款别具一格的发明，发明者将人造肌肉
模块安装到内衣中，只需穿上这种内衣，就能减轻运动负荷。美
国服装企业Seismic公司将这种"穿在身上的肌肉"生产了出来。
除此之外，人们还在研究一种外骨骼套装，穿上它之后，因为脊
髓损伤导致肢体瘫痪的患者可以利用脑电波使身体动起来。机器
与人体的融合正在不断发展。

　　未来，在DX和BX的帮助下，机器和身体高度融合之后，人
们可能会拥有一件像钢铁侠那样的强化服，穿上它就能拥有超能
力，变身成为钢铁英雄。

帮助人们独立生活——护理机器人

　　如今，护理行业正在越来越多地使用机器人开展工作。

　　随着人口老龄化的发展，需要长期护理的人口越来越多，但
是护理人员却很短缺，这已经成为一个严峻的社会问题。引入机
器人正是为了应对护理行业的供需不平衡问题，其目的是改善老
年人的福祉，同时减轻护理工作的负担。

　　日本八乐梦床业公司开发了一款睡眠扫描仪，它可以帮助
养老院的工作人员看护老人。这套系统在人们的床垫下放置传感
器，通过它来监测人的睡眠状态。利用它，工作人员可以集中监
测所有老人的睡眠情况，大幅减少夜间巡逻的频率，减轻工作负
担，同时还能为老人们提供安静的睡眠环境。此外，养老院还在

逐步引进其他护理工具，例如可以变身为电动轮椅，帮助老人自由移动的床；帮助老人换乘车辆的升降装置；穿上之后便可以轻松抱起老人的强化服，等等。

越来越多的住宅都做了独特的设计，使轮椅也能在房间里行动自如。越来越多的人（包括身体障碍程度较高的人）都能够居家生活，而不是依赖护理机构的照顾。这些都是2040年护理机器人进入家庭的前提条件。

未来，机器人会不断发展，人们在设计住宅时，会对房间布局做出相应调整，以配合机器人的工作，甚至建筑物本身也将变成机器人。人们会在居住空间中安装大量传感器，管理者则是护理型人工智能系统。这种系统可以温柔地守护居住者，保护他们的安全。如果居住者患有阿尔茨海默病，容易迷路，那么当他试图走出房间时，地板上或墙壁上就会自动投射出虚拟障碍物，引导他返回房间。未来，人工智能提供的护理服务将更自然、更全面。如果养老机构和家庭住宅中都能配备这种系统，那么无论出行、进餐，还是沐浴、排泄，人类生活的方方面面都可以得到机器人的帮助，即使认知和身体机能衰弱的老人也可以独立生活（如图4-5）。

在DX的帮助下，护理行业中的体力劳动大部分都被机器取代，护理人员将成为负责改善老年人福祉的专业人士，社会地位获得提升。人们还可以利用DX带来的护理大数据，开展各种创新活动。

2040年护理机器人进入家庭后，越来越多的住宅都能够居家生活

将进行独特的设计，越来越多身体障碍程度较高的人都

帮助老人从轮椅安全移动到马桶的辅助装置

帮助老人从轮椅移动到浴缸的辅助装置

一日三餐都是营养师准备的，厨房整洁干净

交流机器人也可以给临终老人最后的陪伴

陪伴机器人

可穿戴设备发出信号

远程诊断

利用VR进行外出体验（维护心理健康）

陪伴机器人

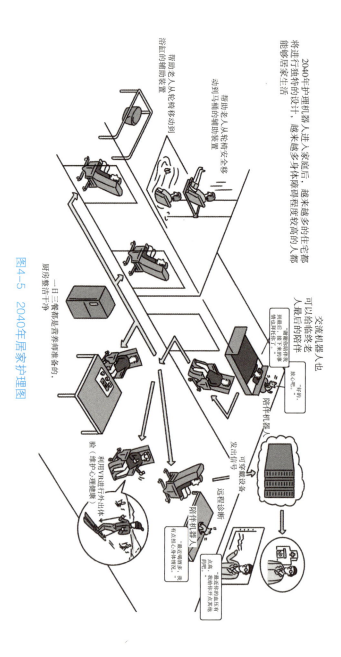

图4-5　2040年居家护理图

人们开始积极追求健康——医疗制度的个性化

长寿是全人类的共同梦想。然而，从国家财政的角度来看，这也会带来一些负面效应，例如医疗护理费用的增长。据估计，2040年日本的医疗护理费用将增长到929000亿日元之多。与此同时，日本的劳动力人口将不断减少使得税收和社会保险收入大幅下降，收支差距进一步拉大。

为了缓解和缩小收支差距，社会需要采取多项举措，例如医疗护理服务从医院转向家庭、提高患感冒等轻疾老年人自费比例、扩充医疗护理服务的成本效益评估制度等，以此控制医疗费用支出。另外，还要鼓励老人长期工作，保证国家的税收稳定。

要将这些举措落实到位，需要对医保制度进行个性化改革。政府既要采取措施提高医疗保险的财务稳定性，也要获得市民的理解和支持。为此，在设计方案时，要做到个性化设计，满足个人的需求，在具体条款方面要细致到位，在实施过程中也要做到具体问题具体分析。

从重视疾病预防的角度来看，在增加医疗自费比例的同时，还要创建奖励机制，鼓励人们保持身体健康。如果社会能建立更多的医疗咨询、在线诊疗、私人健康管理服务机构，给人们更多的选择范围，那么非重疾患者去医院看病的情况将减少。相应地，健康人群的医保费用也将降低。

　　私人医疗保险机构已经推出了这种个性化设计产品，例如住友生命保险公司的一款名为"生命力"（Vitality）的健康险，客户如果采取积极行动去保持身体健康（例如进行健康检查、运动等），就会获得积分奖励，保费也相应发生变动。这款保险应用了助推理论，敦促人们自发行动起来锻炼身体，保持健康的体魄，以应对各种社会状况。

　　这一制度的正常运转，离不开前文所述的统合个人健康信息的个人健康记录。从2021年3月开始，日本政府在部分医疗机构中开展一项试点工作。人们在试点机构就诊时，可以将个人信息卡用作医保卡。只要本人同意，医生可以看到他的体检结果、既往治疗史、处方药史，并将其作为诊疗参考。未来，如果通过云端系统将患者的运动、饮食、睡眠等生活习惯信息以及基因信息整合起来，那么医生就能够根据患者的体质开出个性化处方，根据患者的生活习惯给予健康指导。如果各个医疗机构和专家都能共享这些数据，那么患者将会获得前所未有的整体性医疗服务。系统还可以与近年来迅速普及的无现金支付结合起来，自动计算个性化保费中患者承担的数额，并实现自动支付。

　　现在，由于技术的不断发展，个性化医疗的曙光近在眼前。我们既要充分发挥日本全民医疗保险制度的优势，同时还要建立一种新的制度框架，使所有人都能以积极的姿态追求健康。

第 **5** 章

设计与社群的

关联方式

新型联系跨越公私界限

2017年，日本政府出台《工作方式改革实施计划》，明确提出要推进工作方式的改革，鼓励发展副业，提倡远程办公。2018年，为了鼓励多种形式灵活就业，日本政府对相关法律做了相应的修订。其中，明确了主业和副业共同发展、扩大办公自由度等措施，积极推动工作方式向自主化和分散化发展。新冠肺炎疫情的蔓延也间接加快了这一趋势。在即将进入百岁人生新时代的今天，以终身雇佣和资历为基础的日本雇用制度终于发生了变化。

很多人担心，长久以来将人与人联系起来的、支撑着他们生活的职场关系会随着时代的发展逐渐式微，进而导致社会的崩溃。但是笔者认为，从长远角度来看，结果却恰恰相反。

一个人从大学毕业到退休，一直在同一家公司工作，退休后过着悠闲的生活，这是一种单轨人生。这样的人生不仅不适合百岁人生的时代，而且从风险管理的角度来看也是难以被接受的。人们退休后，失去了与公司这一唯一的联系，会陷入深深的社会孤立。反过来，如果有一种灵活的就业环境，没有主业和副业、工作和个人生活之分，任何年龄都有工作的机会，那么人与人之间、人与社会之间就会产生更多新的联系，每个人都处在多个而不是特定的某个社会关系网中。这样的社会才能营造安全的未来，才会为百岁人生时代打下坚实的基础。

不过，在新旧社会关系转换的过渡时期，我们需要特别注意"社会关系断层"问题。虽然人们的活动更自由了，有越来越多的人得以扩大与社会的联系。但是同时，也有越来越多的人因为断绝了与现有社群的关系，从而陷入社会孤立。

在过渡时期，不仅在人口流动大的城市，就连人口老龄化和人口减少严重的地区，也很难保持区域内的社会联系。此外，单亲家庭数量和不婚主义人数不断增加，源于婚姻的"血缘关系"也在减少。在这种情况下，人们虽然想与他人发生更多联系，但实际上往往事与愿违。因此，将来会有越来越多的人陷入社会孤立。

特别是在日本，人们社会孤立的比例非常高。根据2005年经合组织的调查，日本超过15%的受访者表示，在社交场合与家庭之外的人"根本不见面"或"只是偶尔见面"，在接受调查的20个经合组织成员国中日本的孤立率最高。

研究表明，社会孤立会降低幸福感。哈佛大学教授河内一郎等学者编著的《社会流行病学》中写道，与朋友很少接触，单身，也很少去教会的人的死亡率是那些社会关系较多的人的1.9~3.1倍。此外，处于孤立状态的人，患缺血性心脏病、脑血管或心血管疾病、癌症和呼吸系统疾病以及胃肠道疾病等各种疾病的风险更高。如果人们对这个问题置之不顾，那么将造成巨大的社会和经济损失。

　　消除社会孤立问题不仅可以提高每个人的生活质量，还可以提升整个社会的价值。如果能够有效消除社会孤立问题，不但可以避免预期发生的损失，而且和谐的人际关系还能促成创业和创新，为整个社会创造更多的价值。我们估计，如果消除孤独和孤立问题，减少它们带来的损失，增加新的产值，那么可以产生超过23000亿日元的经济效果。

　　在英国，6500万人口中有900多万人处于孤立状态，预计社会损失将高达47000亿日元。2018年，英国政府首开先河，提名了第一位孤独大臣（Minister for Loneliness）。同样，在日本，菅义伟政府于2021年成立了"预防孤独、孤立政策办公室"。

　　重建社群是解决社会孤立问题的一个重大举措，但这并不意味着要恢复旧的社会关系。尽管现有社群作为保障人类生存和经济发展的基础，曾经发挥出重要作用，但人们一旦归属于它，便很难脱离，这一点阻碍了新的社会关系的发展。事实上，碍于这种黏性，难以实现自由的人并不在少数。

　　作为对日益减弱的地缘关系、血缘关系和职场关系的有效补充，人们进行了许多新尝试，使持有统一价值观的人可以聚集在一起，例如集体居住、共享办公室、合租等。正如第3章所介绍的，在虚实交汇的地方会产生无数新的社群，形成面向未来的"共域"。未来，应利用3X增强这种势头，优化提升社会整体的联系模式。

　　有些人并不想与他人交往，我们也要尊重这些人的意愿。就像自主权和隐私权一样，"不与人交往的权利"也是人们的关注点。怎样做才能既维护了个人权利和幸福感，同时又能消除社会孤立问题带来的弊端呢？这是一项重要的社会课题，需要我们每个人认真思索。

与社群之间的自由关系

我们的理想未来世界中将存在很多或实或虚的社群，在其中将诞生出共域。无论是谁都可按照自己的喜好选择社群，每个人都会在多个社群中获得各种体验，享受多姿多彩的人生。

另外，那些不擅长与人交往的人，将得到适当的帮助，摆脱孤立状态。在同质化程度较高的封闭社群中，持有固定价值观的"过滤泡"现象也将难觅踪迹。

如果通过DX和CX与其他人建立直接、顺畅的联系，那么，人类的社交网络将不会受距离和组织壁垒的影响，得以急速扩张。可以预见，将来不同的个体将合作，共同创造社会价值，人们通过分享感受和经历提高共识，社会也因此变得更为宽容。

3X不仅增加了人们参与社群活动的机会，也提高了活动形式的自由度。例如，人们可以在异地参加非营利组织的活动，可通过分身机器人参加外地的志愿者活动和节日庆典活动。人们可以进行"数字移居"（不在当地生活，但要承担部分地方税收，部分参与行政决策）。这样，一个人可以自然而然地在多个地区拥有自己的生活区域。

到2030年，每个人的社会联系情况将变得实时可视化。与他人、与社群的联系，将被视作一种能够提高个人福祉的资产。人们通过去中心化的方式利用这种资产，以期在最大限度上实现个人价值。各种新的服务层出不穷，以满足人们多层次联系下的社会需求。联系诊断（类似于健康诊断）、联系咨询、运用代理、社群实习等与社会联系相关的服务将得到发展。

构建与社群建立最佳关联方式的机制

我们要构建预防社会孤立的机制，即"联系辅助系统"（如图5-1）。

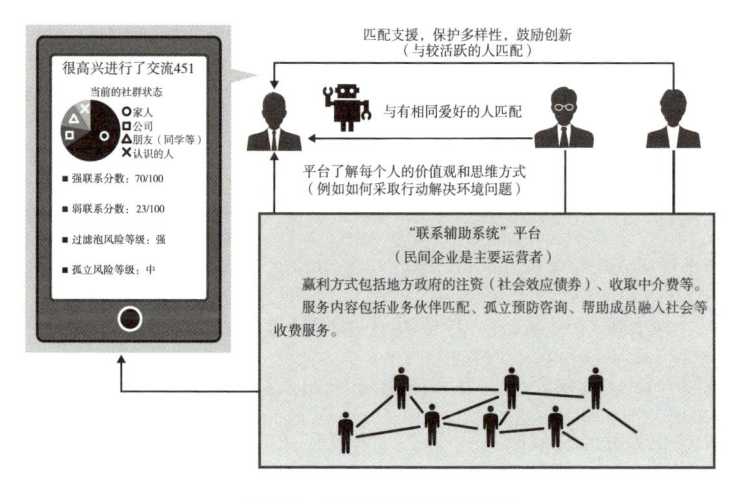

图5-1　联系辅助系统概要

143

　　"联系辅助系统"可根据每个人的活动记录，显示出其与他人的联系情况，并且用数字标示出他的孤立风险，这是一种对联系的健康诊断。民间平台商将成为这一系统的主要运营商，它们通过地方政府的社会效应债券（绩效挂钩型民间委托）模式把它做成新的产业。

　　一个曾经陷入孤立状态的人，很难从头开始构建关系网，这一点与健康问题相同。因此，我们在设计联系辅助系统时，一定要构建一种类似于预防医疗的孤立预防机制。不仅要显示出孤立的风险值，还要嵌入一种合理的机制，去帮助人们构建良好的社会关系。

　　该系统必须具备三个功能：①联系状态和孤立风险可视化；②提供个性化的联系支援服务；③利用人工智能进行社群匹配。

　　下面详细介绍这三个功能。

　　（1）时刻掌握联系状态——联系状态和孤立风险可视化

　　个人实时与社交网络互联，社交网络整体可视化。系统自动分析出使用者的孤立风险等级，通过数字表示出来，并将风险值告知使用者。将联系状态显示出来，目前在技术上是可行的，但是由于涉及个人隐私问题，所以实际应用要等到2030年前后。

　　为了推广该系统，需要设计相应的奖励机制。电信运营商可以与娱乐公司合作，在系统服务中加入游戏元素来吸引人们使用，或者可以与保险公司合作，为孤独风险低的人调低保费，以此激励人们与人交往。此外，还要创设更多的小众社群，把兴趣和境遇相似的人凑到一起。

要做到根据可视化个人网络状态计算孤立风险，就需要开发相应的算法。三菱综合研究所曾经为此做过一份问卷调查。我们将人与人之间建立新联系的能力定义为"联系能力"。问卷设计了6个问题，根据回答情况来计算受访者的联系能力，并把他们分为"联系能力较高的人"和"联系能力较弱的人"。结果显示，联系能力弱的人约占受访总人数的64.4%，远超半数。其中，男性占70.0%，女性占58.7%，可见男性的联系能力相对较弱，男性当中30~50多岁的人联系能力最弱。联系能力越弱，孤独感越强（如图5-2），这一点也是计算孤立风险的考虑因素之一。未婚人士和性格内向的人联系能力也较弱。值得注意的是，60多岁女性的联系能力最强。

新冠肺炎疫情加快了社会的数字化转型，2020年7月，我们再次对人与社会的联系情况做了调查。结果发现，现实世界中联系能力弱的人在虚拟世界也很少与人交流。不擅长面对面交流的人，即使在数字化程度高的社会中，也可能面临较高的孤立风险。但是，虚拟世界有自身特有的联系模式。因此，我们也重新定义了虚拟世界的联系能力，并分析了它与现实世界联系能力的关系。从结果来看，现实世界中联系能力弱的人在虚拟世界中往往也如此。但是有趣的是，有30%的人在现实世界联系能力较强，但是在虚拟世界却很少交流，这些人大都具有这样的特征：女性、高龄、性格内向。反过来，也有少数人在现实世界的联系能力较弱，但是却在虚

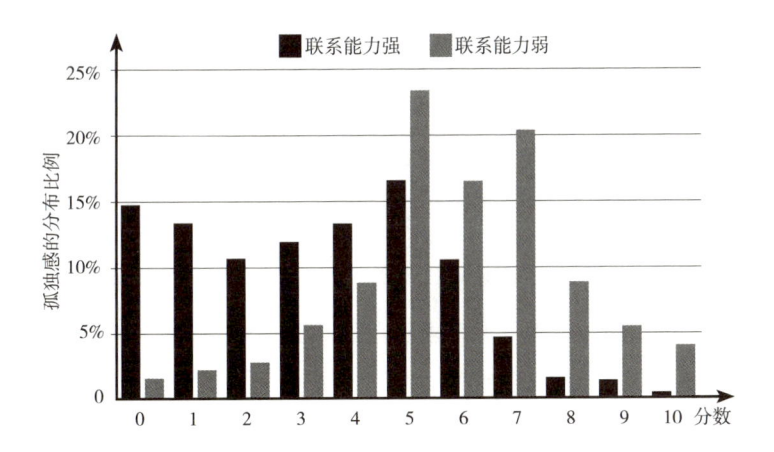

图5-2　联系能力与孤独感的关系

注：

1.计算"联系能力"时给出的问题是：①想和别人联系时，能够联系上；②被动参与一些有趣的联系；③不会主动切断联系；④必要时，让别人一起参与进来；⑤被动参与熟人要去做的事情；⑥遇到困难时，很容易得到周围人的帮助。

2.孤独感分数为0~10分。

3.分数越高孤独感越强。

拟世界很活跃，这些人的特点是：男性、20多岁、性格外向。

针对新冠肺炎疫情期间人们的社会联系的调查结果表明，现实世界中90%以上联系能力弱的人、30%以上联系能力强的人几乎不在虚拟世界中与人交流沟通，他们存在较高的孤独风险。如果不采取相应措施，那么人们联系能力的差距将进一步扩大。因此，我们要做的是进行更详细的风险分析，为他们提供有效帮助，包括帮助他们在虚拟世界建立联系。

（2）从根本上提高联系能力——提供个性化的联系支援服务

在现实空间与虚拟空间之间建立新的关系是一种重要的联系能力，这种能力在未来会愈发重要。尽管提高这种能力的方法还不成体系，但是将来它一定会被纳入义务教育或继续教育的范畴，成为每个人必须掌握的技能。

需要注意的是，提高联系能力要充分考虑个体的特殊性。为联系能力弱的人提供帮助时，要做好个性化服务。

根据我们的调查，如图5-3所示，联系能力弱的人有两种类型，一种是"拒绝交往型"，他们一开始就不想与人交往；另一种是"被人疏远型"，他们性格外向，想主动与别人交流，却被人疏远。对前者来说，他们需要学习为什么要与人交往，还要掌握信任别人、与人维持良好关系的技能；对于后者，他们需要学会与他人正确交流，避免被人孤立。

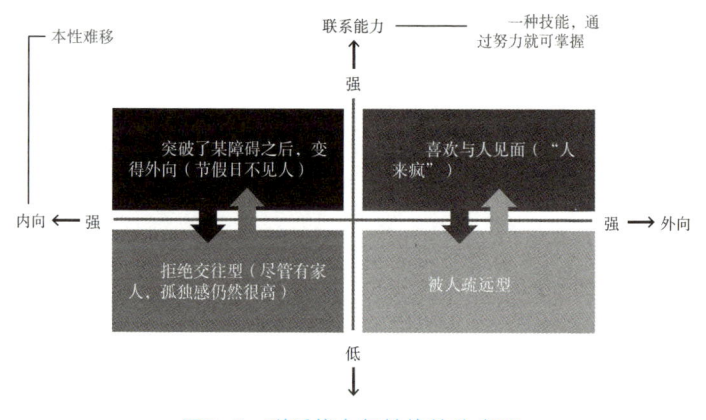

图5-3 联系能力与性格的分类图

147

在虚拟空间中，性格外向的人喜欢和现实世界中的熟人互动，所以他们更倾向于通过副业扩大自己的交际圈，而内向的人大都通过兴趣爱好与人互动，来扩大交际圈。有意识地掌控并利用这种倾向，就可以顺利扩展在虚拟世界中的人际交往了。

要提高每个人的幸福感，除了提高他们的联系能力外，还要采取合理的方法降低其孤独感。我们感到孤独的原因有很多，而且其中存在很大的个体差异，因此这里也需要个性化的支援服务。例如，性格外向的人更愿意交朋友，通过与朋友的互动来排解孤独；而内向的人则通过亲密家人的陪伴或者沉浸于自己的喜好中来治愈孤独。因此，对于性格外向的人，我们要为他提供与人合作的机会；而对于性格内向的人，则为他提供参加社群活动的机会，帮助他找到自己的目标。

（3）建立卓有成效的联系——利用人工智能进行社群匹配

人工智能熟悉每个人的喜好、品位和个性，如同侍酒师能够为客户找到最适合他的美酒一样，人工智能可以从大量社群中为我们甄选出合适自己的社群，这种助力交际的人工智能将在2025年得到普及。

除了为人们匹配合适的社群之外，人工智能还能为人类提供一些喜闻乐见、易于接受的活动，例如一日体验活动或者利用虚拟分身开展的活动等，这些功能都将在2030年普及。

要推广这一系统，需要根据各种数据准确掌握个人信息。

要提高系统分析的准确性，要尽可能多地掌握个人活动记录，包括语言输出（对话、社交网络中的文本记录等），行为和大脑活动等，最重要的是在本人的同意下，打造一种自动收集信息的机制。除此之外，我们还要利用助推理论推出激励措施，鼓励人们去使用这一系统。

在社会上推广该系统时，需加强对个人信息的保护。持续跟踪社群的各种动态需要不断获取个人活动记录，然而这些都是个人信息，如果平台运营商负责收集这些信息的话，那么就必须建立信息安全和个人信息隐私保护机制。这将成为一个重要的社会课题。

与他人共享情感和体验

在一个充满各种联系的世界里，共享情感和体验的平台可供人们进行各种交流，它将成为人们讴歌精彩人生的舞台。这个舞台是人们娱乐和表达自我的场所，也是探索知识技能、引领创新的场所。在这里，人们可以通过自己的数字人格从事各种工作，开展各种活动。正如第3章所述，这是利用CX实现的一种共域。

要制作出这样的平台，我们需要发展三大核心技术：①记录活动日志（生活日志）的技术，使活动日志成为情感共享、经验共享的素材；②将生活日志压缩成内容的技术，使之能够为其他人所体验；③让人体验压缩内容的跨模态信息技术，使生活日志中的内容能够被二次体验。下面对三大核心技术进行详细介绍。

（1）自动生成人体大数据——生活日志记录技术

现在，用视频、音频、位置信息和重要数据来记录个人行为的工具已层出不穷。不过，要想他人能够真实地获得这种体验，仍然需要我们跟踪主体意识，甚至需要记录主体的视线指向和触觉信息。这一技术有望在2040年前后获得突破。

此外，还需要记录当时的湿度、气味和风向风速等外部环境，以及体验者情绪和精神状态的技术。这些预计将在2050年前后达到实际运用水平。要实现这一目标，需要通信、传感器和电池等配套技术的进一步发展。

（2）将生活日志完全转化为内容——体验压缩技术

即使我们可以利用技术自动记录下详细的生活日志，这些日志也不可能直接拿来使用。我们需要一种自动编辑技术，它帮助人们从海量的原始信息中提取、编辑所需部分，并给它拟出一个标题，然后再把提取后的信息保存在云端。目前，相关的研究才刚刚起步，预计到2040年前后我们能做到自动提取感情信息，2050年前后这项技术才能正式应用于社会。

（3）使我们真正成为他人的超级体验——跨模态信息技术

人们只有利用自己的感官去体会，才能感受到他人的情感和经历，并产生共鸣。到2040年前后，人们可以通过跨模态技术重温他人经历，到2050年前后，人们甚至可以获得五感无法感知的信息，例如可以看到紫外线等。再之后，人类感知的世界会进一步扩大，可以同步体验他人的感受，可以与其他物种（例如猫狗宠物、树木和珊瑚等），甚至是无生命物体（例如机器人）共享体验和意识。

通过感受和体验合作平台，人类可以与其他物种同化[①]，这将为人类带来前所未有的学习体验。例如，与森林和海洋同化的经验可以提醒人们在活动时注意保护地球环境，不断开展创新行为，改善地球环境。

如果人们能切身感受到生命的多样性，就可以反过来深刻认识人性问题。如果我们能够意识到在这个多样的世界里，人类只不过是众多物种中的一个，人与人是亲密的伙伴，我们要关注与他人的共性而不是分歧，那么社会分裂现象就会越来越少，人们之间的关系会变得更融洽。

要推广这些新技术，我们需要完善社会制度以规避新风险。例如成立"经历保证机构"，保证个人经历经过压缩后的真实性，杜绝欺骗；还要制定规则，用来指导人们如何复制记录个人经历的数字副本（如图5-4）。

---

① 同化：生物体吸收外界成分并转化为自身成分。——译者注

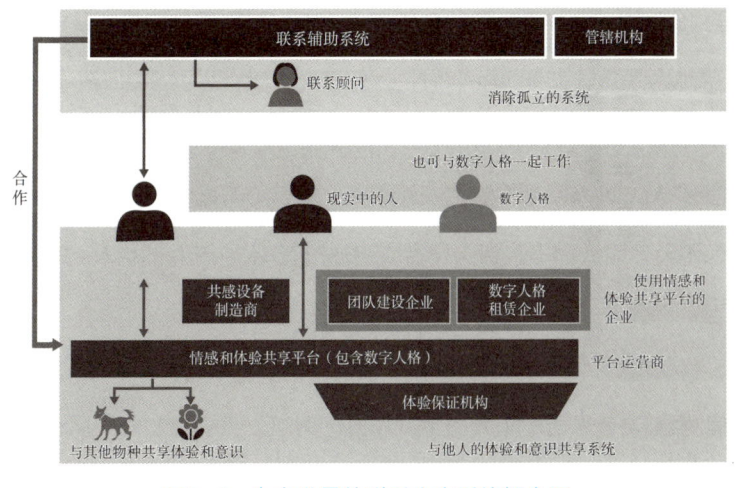

图5-4 未来世界的联系生态系统概念图

就时限而言，2030年前，个人技能和人格的数字化复制技术开始应用于工作之中，2050年前，这项技术会完全成熟。目前，基于数字化复制技术产生的知识产权往往被看作集体智慧，这里存在着数据源的利益诉求被忽视的问题。因此，社会需要在个人权利和公共利益之间寻求更好的平衡。

3X助力体验共享，使人与人的联系更丰富

3X帮助人与人之间、人与环境之间形成新的联系，从而改变人类的存在方式。CX作为新兴领域，目前仍处于起步阶段，有着无限的潜力。

以下介绍几项重要技术，它们关系到"情感和经历共享平

台"的搭建。这些技术包括将他人动作进行精确数字转化的技术、客观判断他人情绪的技术以及完整重现他人行为与感受的技术。

真正了解对方——情绪判断技术

人们大概都有过因为误解而难以与他人顺畅沟通的经历。如果能把握对方情绪，那么沟通不畅的压力会大大减轻。此类"心灵感应"技术目前正在研发中，它是一种情绪判断技术，人们可以利用这种技术读取对方眨眼、瞳孔变化、肢体活动、声音和大脑活动等各种迹象，并将其转化成情绪表达信息。

第2章提到的"情绪分析仪"就是一项帮助人们相互理解与沟通的发明，它可以从脑电波中读取人们的情绪。另外，美国人工智能企业Affectiva公司研发的情感人工智能"Affdex"，能够从眼球运动、眉毛上下活动、脸颊运动、嘴角抬高等面部表情来判断对方的情绪。目前它被用于企业的市场营销活动以及销售人员的表情训练。

还有一种根据声音识别情绪的技术，例如日本AGI公司研发的语音情绪识别引擎"感受力技术"（Sensibility Technology，ST）。这项技术可以根据声音同步呈现人的情绪，因此可以用于多种场合。例如，通过语音通话预测客户行为，通过监控员工工作时的声音判断其工作压力，从而进行适当的干预等。

通过追踪视线变化，掌握人们关注内容的"眼动追踪"技术，也是未来可望广泛应用的技术之一。这一领域的领跑者是瑞典拓比电子技术公司，他们已将一种可连接个人电脑的监视器、可在屏幕上跟踪眼球变化的设备以及可跟踪日常生活场景视线变化的穿戴式眼动仪投入商业市场，用于消费行为分析和心理学研究。

眼动追踪技术与VR有密切关系。目前，高端VR眼镜已经配备了追踪视线的传感器，人眼的运动可以同步反映在虚拟世界的"我"身上。将来，我们有可能从VR眼镜收集的视线数据中分析出人的情绪变化。

在"情绪计算（情绪理解计算机技术）"领域，最重要的是提高数据量，通过机器学习，不断提高识别精度。目前计算机分析的对象主要是静止图像，未来我们会利用视频来分析情绪。将来，人们可以重温他人被保存下来的经历，届时这种体验就像真实发生在自己身上一样。这种深入的相互了解，能够加深并丰富我们与他人的联系。如果能够真实感受到对方的情绪，例如职权骚扰的实施者能体验到被害人的痛苦，那么就能让他们切实认识到自己骚扰行为的危害性。事实上，VR研发企业Jolly Good公司已推出一项名为"你的立场"（Your side）的服务，使体验者站在对方立场上体验对方感受，从而预防职权骚扰的发生。

我们所说的情绪，除了喜怒哀乐外，还有无数种感觉，它们之间存在着微妙的区别。情绪是理解人性不可或缺的要素，然而相关研究还很匮乏，例如人们很难定义什么是眷恋、什么是庄严。因此，要对所有的情绪达成共识，我们还有大量的工作要做。

像换衣服一样更换身体——重现他人动作的技术

你有没有想过亲身体验一下职业棒球运动员、钢琴家、舞蹈家、魔术师等职业？他们或者有优秀的体能条件，或者掌握了精湛的技术，能够很好地控制自己的身体。你想体验他们的精彩动作吗？如果可以真实体验到那些专业的动作，那么我们便能够轻易掌握该领域的技能。在未来，这将不再是天方夜谭。

不过，即使能够准确测量、记录甚至如实再现他人某一动作的各种细节，我们也很难做到与他人动作完全一致。因为每个人的骨骼、肌肉量、动作习惯各不相同。要精确复制一个动作，同时身体没有任何不适，需要相当先进的技术，门槛非常高。尽管如此，人们现在仍然在不断发展基础技术，积累数据，以实现这一目标。例如，凸版印刷公司和日本体育大学目前正在研发一种使用标准动作模式的循环型动作训练系统。该系统主要通过捕捉和分析顶级运动员的动作，为个人提供定制化训练服务。利用该系统，我们能够通过影像查看自己与标准动作的差异，同时做出改进。虽然这仍依赖于人们的视觉观察，但该系统可以将两者的动作差异转化为参数进行评估，让人们在改进时能够做到有的放矢。

日本产业技术综合研究所人工智能研究中心的数字虚拟人研

究小组多年来一直致力于精确的人体测量和建模，研发了3D人体功能模型"Dhaiba"。这种模型可以重现儿童和成人的各种体型与动作。为了推动这些数据尽快进入产业应用，推进以人为本的产品研发，他们还发布了一款名为"Dhaiba Works"的软件。这款软件能够利用人体模型进行各种模拟运算，可用于与人体工程学相关的产品与服务研发。

在未来，我们如果想同步分享他人体验，在技术方面要监测该体验中的动作，并统合相关数据。这种动作一定要是流畅的、不妨碍日常行动的。我们还要开发可以嵌入衣服里的超小型传感器，将每个地方的触觉数据像网格一样连接起来，力图精确捕捉人体各种动作。

这些技术成熟后，即使在VR空间中也可以忠实再现每个人的肌肉骨骼运动，这将带给人一种真实感，使人感到对自己的身体有实实在在的掌控。

超越理解，获得身临其境般的真实感——重现他人情绪的技术

如实重现他人的感受、重新体验他人的情绪，这比重温他人的动作要难得多。要使两个人体验到的情绪完全相同，我们需要添加各种外部信息来形容这种情绪，如气味、颜色、温度等。在把它们转化为适当的数据后，我们还需要一种反馈技术，为体验者提供准确的反馈。

日本滨松医科大学正在研究一种新的治疗方法，通过注射催产素来治疗人际交往困难的自闭症谱系障碍患者。催产素是下丘脑产生的一种激素，据说可帮助人们形成积极的人际关系（例如"牵绊""爱情"）。这是一项验证激素能否激活大脑活动，从而改变他人情绪的研究。该研究虽然以治疗疾病为目的，但在未来有可能被人们用来治疗心理创伤，或者帮助人们释放负面情绪、缓解紧张压力。

此外，从外部对大脑进行人工刺激的经颅磁刺激技术（TMS）作为对传统抗抑郁药无效患者的治疗技术，已在2019年纳入医保范围。这项技术目前主要是以治疗为目的，不过如果我们可以确定刺激大脑特定部位可获得特定效果，那么未来它可能会被用作情绪重现技术。但是，从健康风险角度来看，该技术是否可以安全地运用在健康人身上，这一点还需要慎重考虑。

实现用耳朵看和用眼睛听——感官替代技术

对于有视力障碍的人来说，他们如果想看书，可以阅读盲文，利用触觉获取文本信息。如果想看电影，则可以通过语音引导，利用听觉获取影像信息。同理，对于有听力障碍的人来说，他们在听广播或看电视时，可以通过手语或字幕，将听觉信息转化为视觉信息。

这种将视觉转换为触觉或听觉，或者将听觉转换为视觉的技术就是感官替代技术。随着这种技术的不断成熟，像眼镜一样方便佩戴的感官替代设备将陆续面世，未来感官障碍者可以不受残疾的影响，能够自由生活、自由做事。另外，这项技术还可以应用于其他场景，例如漆黑环境下的空间识别和嘈杂环境中的清晰对话等。

智能眼镜"Oton"就是一款感官替代技术的产品，它可以将文字转化为音频，帮助使用者以听觉功能代替视觉功能。这款智能眼镜中搭载了摄像头，可以捕捉佩戴者正在注视的文字，并将其转换为文本数据，然后大声地朗读出来。

要充分利用这些技术，真正实现信息的无障碍化设计，就要根据用户特点，认真考虑最佳的感官替代方案。用户身体情况（有无残疾）不同、年龄不同，他们的感觉会存在各种差别。我们要想出合理的方案，将这些感觉一一转化为数据，通过分析找到恰当的感官替代方式。

日本产业技术综合研究所公布的《老年人和身体残障人士感官特征数据库》为感官替代技术提供了切实可行的参考。该数据库汇总了各种感官数据，例如各年龄段能够看清多大字符，能够听到什么频率的声音等。目前，该数据库存储的主要是视觉和听觉数据，以后它将收集更多其他感官数据。

第 6 章

未来每个人都能

找到自己的价值

怎样度过百岁人生

2013 年，牛津大学的卡尔·弗瑞（Carl Frey）和迈克尔·A. 奥斯本（Michael A. Osborne）在论文《就业的未来》（*The Future of Employment*）中指出，未来20年内将有多达47%的工作被人工智能取代，他们还一一列出了这些职业的名单。该论文震惊了全世界。

现实的确如此，人工智能和机器人现在正以各种方式取代人类劳动。人类对未来充满恐惧，担心以后工作会被机器抢走，失去谋生手段。人类自己创造了技术，最终却使它们成为自己的劲敌。

在当代人的日常生活中，劳动时间占据活动时间的一半左右。英国经济学家约翰·梅纳德·凯恩斯（John Maynard Keynes）在第一次世界大战后的大萧条时期，于1930年写了一篇名为《我们后代在经济上的可能前景》（*Economic Possibilities for our Grandchildren*）的论文。他在论文中做出了预言："100 年之后，也就是2030年，技术创新基本上解决了经济问题，人们每周只需工作15小时。" 在这样的未来社会里，如何打发空余时间将成为社会最大的课题。他说，届时人们不再为了生存而劳作，而是享受当下，积极与他人交往，这才是真正的人生价值所在。

2030 年即将到来，我们不妨根据凯恩斯的观点，制订一个分配时间的计划，将时间平均分配给劳动、活动和学习。目前，我们的时间更多消耗在劳动上，而今后我们将把时间大量分配到其他活动上。

3X是实现这一目标的重要武器。我们可以利用人工智能和机器人等技术，提高自身创造力和单位时间内的劳动生产率，缩短工作时间。我们希望人们不再为了生计不得不从事一些强制性劳动。人类可以将创造出的剩余时间用于终身学习和与他人互帮互助，在提升个人幸福感的同时造福于社会。

为了让这些福利普惠所有人，人类需要进行社会改革，消灭经济和社会方面的等级差别。为此，必须建立合理的再分配机制，让整个社会都能享受3X带来的附加值，同时还要创建互助互惠的社会共域。

学习和工作动态地交织在一起

琳达·格拉顿（Lynda Gratton）是伦敦商学院组织行为学的教授，主要研究人力资源理论和组织理论。她在著作《百岁人生》（*The 100-Year Life: Living and Working in an Age of Longevity*）中提出了百岁人生的新生活战略，建议人们改变迄今为止的教育、工作、退休三部曲式的人生模式。

在三部曲式的人生中，如果人类寿命得到延长，那么职业寿命必然也会变长。这样一来，一个人的职业生涯就会出现各种变化，例如跳槽、创业、转行、从事不以金钱报酬为目的的社会活动等。如果人类的活动是双轨的，那么获取知识和技能的学习方式也将是双轨的。以前那种在人生初期阶段集中学习文化知识，在随后的工作中消耗学习成果的线性模式会因学习量的骤增而崩溃。未来，不再是"学校学习—社会就业"的模式，而是"学校学习—工作实践—再学习……"的模式。人生会在学习和工作的动态交叉下延续，教育不再是单纯传授知识和技能，而是每个人探索自己内在价值的途径。

在2030年前，现行教育体制将进行升级和改革，以适应技术创新的需要。2050年，我们将脱离以学校教育为中心的固定教育体系，建立一个新的动态学习体系，做到终身学习。劳动、活动、学习相结合，社会上的每一个人既是老师，又是学生，所有人都在互相学习。

要打造这样的未来世界，我们应该进行怎样的改革呢？

向创造性工作方式转变

3X的发展极大地改变了人类的劳动方式，其中的一大趋势就是以组织为主体的中心化集中式劳动向以个人为主体的自治分散型劳动的转变。2030年，人类社会将普及远程操控技术（分身技术），人们即使身处异地，也可远程操控机器开展工作。2050年将出现更自然的电子通信技术，人们甚至能够感受到通话方的呼吸。除此之外，人类还将创造出精彩的虚拟世界，人们可以在其中自由活动，其真实性毫不逊色于现实世界。这些技术不仅能够使人类劳动摆脱地域限制，在某些条件下（例如利用分身机器人代替本人劳动），甚至能够帮助人们摆脱时间的制约。

但是，如果每个人各自为战，互不联系，人类活动便很难发挥出集体智慧。因此，我们需要创建共域，协调个人活动，把个人活动统合起来，共同创造价值。例如，持有相同价值观（"对制造业感兴趣""向往快乐的生活""钟爱数字生活"等）或同一区域内相互关联的人建立起共域，跨越现实和虚拟两大空间，相互提供产品和服务，并进行相关投资。

到2030年，每个人都会加入多个社群，并参与所属社群的活动。2040年前，每个社群都将形成一个使用虚拟货币的交易市场和赠予市场。人们在这个市场针对各种基本服务进行交易，这些服务往往是日常生活必不可少的，例如教育和福利等，它们是公共服务的有益补充。

我们如果要打造一个理想世界，保证社会中的每个人都能找到自己的价值，就必须对企业进行改革。目前，日本企业在数字化方面已经落后于世界，这是一个亟待解决的问题。2030年之前，日本企业要实现结构转型，从规模生产型企业转变为知识创造型企业。

日本2030年前要确立和完善各种制度，包括企业社会影响和风险的披露与评估机制、从融资方面支持公益性企业的混合金融机制、促进社会或环境投资的社会首次公开募股（IPO）机制、为公益企业等具备较高社会价值的企业建立新的法人资格机制等。届时，可持续和包容性经济将成为日本的新标准（如图6-1）。

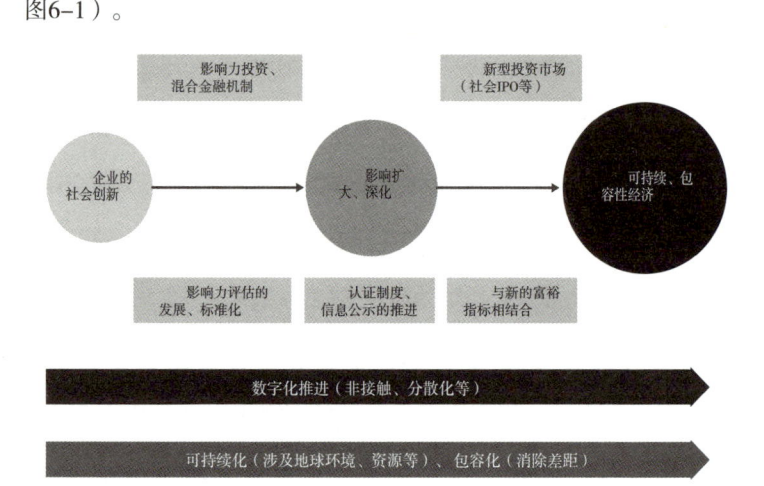

图6-1 企业向可持续、包容性经济转型

以下将从四个方面介绍要实现上述目标所需的环境和工具。

（1）横跨现实空间与虚拟空间的双擎化经济活动

虚拟世界中的经济活动将拓展到所有行业和职业，全球化进一步发展。如果虚拟空间得到充分发展，那么即使出现自然灾害或流行病等突发情况，人类社会的经济活动仍可持续进行，这将大大增强社会的弹性。此外，虚拟空间的发展还会使人类居住的区域更加分散，有助于缓解城市过度拥挤和农村人口减少等问题。

人们在虚拟空间工作，可以摆脱时间和空间的束缚，工作方式更加灵活，能够同时兼顾工作与生活，工作效率也将得到提高。虚拟空间中的个人行为将被转化为各种数据，管理起来相对简单，因此将有越来越多的人选择在虚拟空间办公，人类的工作模式将变得更加个性化。

但是，由于地方政府和中央政府层面的规则只适用于自己的国家或地区，因此，随着全球化的发展和虚拟空间的扩大，我们需要制定出国际通用规则来管理虚拟空间。这将是未来的一大重要课题。

（2）以个人为基点的活动平台

迄今为止，人类劳动均是以组织（例如公司）为主体进行的，组织分配任务给个人，个人通过劳动完成任务。在今后，主流劳动方式将发生转变，劳动将以个人为主体，个人与持有相同价值观的人组成团队，人们或在一起合作，或各自工作，在这一过程中创造价值。人类的劳动结构将发生巨大变化，从以组织为基础的劳动转变为以个人为基础的劳动。劳动目的也从创造经济价值转向创造文化、信任关系等非经济价值。这就是企业的"共域化"转变。

企业的组织形态将由层级式转变为单元式，成为以个人为基点的活动平台（如图6-2）。单元式结构可通过快速决策适应市场变化，因此创新行业将最早开始转型，将企业结构转变为单元式结构。此外，要进一步提高组织运作的灵活性，还必须建立现实空间和虚拟空间的优势互补机制。

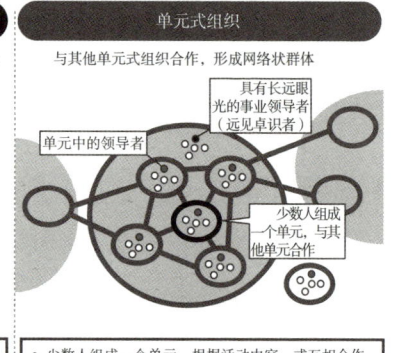

图6-2　层级式组织和单元式组织

（3）为人类活动和交往提供帮助的辅助型人工智能

在未来的劳动和活动中，人类可以和辅助型人工智能一起合作创造价值，这是一种新的价值创造形式。

辅助型人工智能的工作是为穿戴型设备、家庭和机构中的各种设备以及长期网络在线人员及时提供配套服务。它主要有三个功能，一是帮助人类发展的辅导功能；二是支持与他人顺利合作的沟通功能；三是自主处理部分工作的代理功能。前两个功能由交互式人工智能执行，第三个功能由软件机器人执行。这三个功能在2030年前将得到普及，到2040年它们将成为人类生活中不可或缺的一部分。

未来50年，全球化将进一步发展，不同世代、不同性别、不同国籍的人将有更多机会在同一个团队中工作。辅助型人工智能可以为这种团队提供服务。人工智能将帮助人类整理自己的观点、理解他人的意见，更顺畅地与他人建立联系，使人类的工作更具创造性、更加高效。随着辅助型人工智能的普及，"欧美型人类观"（更注重自我意识、相互独立）和"亚洲型人类观"（更注重集体关系、与他人合作发展）将融合到一起，产生新的人类观（如图6-3）。

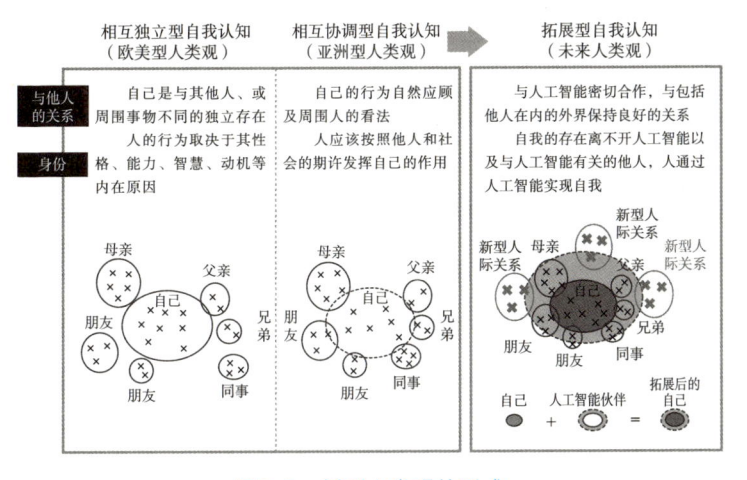

图6-3　新型人类观的形成

辅助型人工智能不是公司临时出借给员工的设备，而是员工自己持有的东西。即使员工离开了公司，辅助型人工智能仍然可以相伴左右。人工智能是为个人量身打造的设备，能够给人带来更高效的工作方式。在中短期内，它将帮助人类创造出经济价值，而在长期范围，它可以帮助人类创造文化和社会价值。

（4）多方利益管理新标准

未来社会将是可持续发展的、更具包容性的社会。届时，日本企业将实行一种多方利益管理模式。不同于只维护股东利益的传统管理模式，多方利益管理模式会尊重各个利益关系者。

在未来50年里，企业需要从正负两方面评估企业经营活动对社会的影响。这将鼓励企业从事有益于社会的投资，例如 ESG［环境（Environment）、社会（Society）和治理（Governance）三个英文单词的首字母缩写］投资和影响力投资。

经济增长是社会富裕的源泉，也是人类福祉和收入再分配的资金来源，它具有举足轻重的地位，这一点自不待言。但是我们希望，今后企业的发展能够为社会带来更多价值，能够惠及更多人，能够改善所有人的福祉。企业在意识和行动上的变化将促使个人选择多样化的生活方式，这有助于打造一个人人满意、生活舒适的社会。

社会基础设施改革使人类活动更自由

人类只有建立起合理的机制，消除各种差距，才能做到自由工作、自由活动。要建立合理的机制，从中长期来看，需要进行社会制度改革。此外，还必须要创建共域。

到2030年，我们的社会制度会进一步完善，非正式员工和自由职业者会实现稳定就业，低收入者能够独立生活。国家将改革税收制度，调节贫富差距，同时制定合理的收入再分配机制。到2040年，国家将征收资产税，缩小代际经济差距。这部分税收将投资到教育领域，努力消除教育差距，使人人都能站在同一人生起跑线上。同时，各地将出现互助型社群，他们或者为当地的生活提供援助，或者帮助解决就业问题。到2040年，共域将发展成社会基层组织。在共域的助力之下，地区社会将在全民福祉和可持续发展两方面不断发展。

随着科技的发展，未来所有产业都将实现自动化，这样一来，大部分人将难以从工作中获得收入，消费市场可能会萎缩。因此，从2050年开始，国家有可能给个人提供基本收入，支持人们的消费行为，帮助他们维持基本生活。

面向未来世界，我们需要在以下两方面进行社会基础设施改革。

（1）重建现有的安全网络

人们往往通过大胆创新来解决社会问题，然而这种尝试常常

170

伴随着风险。在一个不包容失败的社会中，人们一旦挑战失败，便很难东山再起。在这种社会环境下，人们不愿意承担挑战的风险，这样便很难出现大胆的改革和创新。我们如果想建立一个不受经济和社会差距掣肘，可以让人们大胆创业创新、失败后能够从头再来的社会，那么一定要借鉴本次新冠肺炎疫情的经验，重新设计包括就业保险和民生保障在内的安全网络。

另外，我们需要构筑社会信任体系。就创造福利资源而言，经济增长是必要的，但如果因此而过度强调竞争和个体责任则会引发社会动荡。只有在充满信任和合作的社会规范下，个人和企业才能积极行动，未来才会值得期待。为此，应该由整个社会分担创新的风险，营造一个可以让人们大胆创新，应对各种挑战的环境。另外，还要建立健全各种机制，包括负所得税（税收抵免福利）制度、非正式劳动者和自由职业者的公共援助或互助制度、数字化社会中的税收和再分配制度、缩小代际差距的资产税制度、教育再投资制度等。

（2）创建社会互助系统共域

社会还需要创建全新的安全网，它是一种社会互助体系，具体来说就是通过相互提供各种基础服务，最大限度地缩小社会差距（经济差距、信息差距、健康差距等），通过合作来保障人们的生活。

这是一个新的价值交换市场，其本身就是一个共域。在过去，教育、医疗、福利、出行等服务一般由政府和公营企业提供，但今后随着人口数量的减少、税收下降、市场萎缩，原有的服务质量难以得到保证。因此，需要在各地设立由居民参与的区域管理组织和公营服务企业，它们与政府和地方企业合作，提供可持续发展型服务，帮助消除收入差距。

另外，还有一种广受关注的安全网络机制，那就是基本收入（BI）制度。基本收入指的是政府每月向全国居民定额发放的补助金。BI制度有积极的一面，它可以降低换工作、创业的门槛，有助于提高社会活力；但是同时它也有消极的一面，这一制度可能会打击人们的工作积极性。考虑到这一方案需要大量资金支持，因此在现阶段，BI制度难以实施。但在未来，如果财富集中在人工智能、机器人等新型生产资本的垄断者身上时，我们可以重新考虑这一方案。例如，社会可采取适当的措施，向垄断者征税，以扩大财源；或设立BI折旧机制，鼓励人们使用基本收入来消费等。

新型教育体系帮助人类高效利用时间

在百岁人生时代，要想在一生的所有阶段都能感受到幸福，每个人都需要为自己的活动制定投资组合，找到工作、家庭、社会活动和私人活动的最佳平衡点。为此我们需要不断学习。学习过程分为三个阶段：20岁前后为第一阶段，为找到最合适的投资组合而培养基础；35岁之前是第二阶段，为实现投资组合而不断实践；第三阶段是35岁之后，持续调整和磨炼自己，不断优化投资组合。

我们可以打造一个百岁人生学习体系，以保证以上三个阶段能够顺利过渡。在社会中应用这一体系时，要注意以下三点。

（1）向超级继续教育模式的转换

数字转型深刻影响着教育领域，在线教育广为普及，学习逐渐不再受时间和地点的制约。政府要持续支持继续教育，私营企业要不断提供各种教育服务。未来，人们利用区块链技术可直观地查看个人的学习经历，社会将推出高性价比的优质教育平台，这些都将推动教育领域向高质量、个性化、低成本方向发展。我们要利用这些技术变革，推动学校教育改革，使学习变得更自由、更高效、更多元。

为进一步充实终身学习的内容，到2030年，继续教育的形式会发生显著变化，除了原有的常规职业教育之外，社会上还会增加培养非认知能力（例如沟通能力）、个人修养、人生观等课程。我们需要创造适当的教育环境，不过分强调学问的专业性，努力在社会上普及人文科学。这种学习将有助于人们发现属于自己的幸福感，并且可以帮助人们选择适合自己的生活方式，构建最合适自己的投资组合。

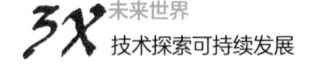

（2）产业界帮助人们获取实践性知识

在工作和社会活动中，人们一定要通过各种经历获取实践技能。劳动者一边工作一边在高等院校学习，这种学习方式将成为常态。最迟到2050年，学校教育和继续教育将实现融合发展。

在日本，目前成人主要通过在职培训进行学习。然而，随着商业全球化的推进和终身雇佣制的瓦解，成人学习中一直负责传递书本知识的在职培训越来越难以发挥作用。鉴于此，为了让员工学习新知识，有的企业甚至推出了海外留学公休制度。这种方式固然不错，但是我们还可以开发出另一种更广泛的学习机制，更能满足社会的需要，那就是公司与高等教育机构合作开设"企业内部大学"。除了培训措施之外，社会还需要为年轻员工营造学习环境，帮助他们减少工作时间，增加学习时间。

我们希望这些举措是由行业协会主持实施的，而非由企业单独推动。这样一来，无论是资金雄厚的大型企业，还是普通中小企业都能从中受益。在实施时，首先可以从法律、医药等传统专业领域做起，引进新的知识学习模式，再将这种经验和方法推广到其他领域。

（3）教育投资结构转型

在日本的教育费用中，个人承担的部分比较多，因此人们希望国家增加对教育的投资。但在目前阶段，医疗和护理保险费用占用了大量的国家预算，教育很难再从中分得一杯羹。因此，我们需要将教育投资结构从"公私二元结构"转变为"国家、私人、产业界、地方共同投资的多元化结构"。

为了实现这一目标，我们必须把人力资源视为整个社会的共同财产，让区域社会成为投资主体。这种教育投资结构的转变，将有助于构建百岁人生学习体系，促进人力资源的良性流动。

本书第3章介绍了三菱综合研究所正在开展的共域创建项目——"逆向交替出勤"。在新型城乡关系探索实践方面，我们积极开展了利用地区资源实施终身教育的新尝试。地区将成为成年人教育的投资主体，这会在很大程度上解决人力资源短缺的问题。

3X助力实现自我价值

在未来，人们会拥有更多的自由时间，新科技将帮助人类实现超越时空的合作。在它们的助力之下，每个人都能充分发挥出自己的潜力，活跃于多个领域，展现丰富多彩的人生。如果人工智能进一步发展，能够准确帮助人类做出判断，那么人类可以创造出更多价值。3X不仅可以帮助个人实现自我价值，而且能够提升社会的整体价值。

跨域活动——分身技术

到2050年，人类的活动将不再受到身体、大脑、空间和时间的束缚。这是日本内阁府2020年1月制订的未来规划——"登月计划"的其中一个目标。为实现这一目标，2030年前需要开发出一种新技术，使一个人能够控制10个以上的机器人分身来完成一项任务。

机器人分身是一个宽泛的概念，它包括人类远程控制的分身机器人（物理化身）、机器假肢、半机械人，甚至是虚拟空间中的影像型化身。人类在虚拟空间中的分身已经广泛应用于远程工作和网络游戏中，高性能机器假肢也在陆续开发中。分身机器人听起来似乎匪夷所思，但它们确实已经开始应用于工业领域。

例如，2020年，负责摆放商品的人形机器人"Model-T"（自动化系统解决方案集成商Telexistence公司开发）已出现在罗森连锁超市和全家连锁超市的部分店铺。据悉，该机器人是由人工远程控制的。

分身机器人可解决劳动力短缺的问题，同时还能为残疾人提供更广阔的工作空间。科技公司Ori研究所的分身机器人"OriHime"最早是为患有疑难杂症和重度残疾的人研发的，它可以帮助这些人与他人进行交流。2020年，摩斯汉堡连锁餐厅尝试将其用作前台收银。这样，因患病而不便出门的人便可以远程接待客人。此类分身机器人今后会逐渐应用于社会其他行业。

目前，除了单向对机器人进行远程控制的技术之外，人们还在研发逆向体验机器人感受的技术。如果研发获得成功，那么人机合一的默契度将得到进一步提升。终有一天，人们将能够与他人共享身体感受。

为此，在发展机器人技术的同时，我们还需做好城市设计和制度设计，为人机共存做好准备。

瞬间移动成为现实——虚拟空间生成技术

新冠肺炎疫情期间，在线会议和在线活动数量骤然增加。人们正在想各种办法使所有活动参与者都能共享体验，而不仅仅只是参与。例如，涩谷区政府批准成立了播放平台"虚拟涩谷"。在该平台上，人们可通过智能手机、电脑、VR设备，化身为虚拟角色在城市中游走，还可与其他参与者一同观看演唱会、脱口秀和美术展等。这是一种可以与他人共享空间的虚拟世界。将来，随着VR、AR的发展和5G无延迟通信环境的建立，类似的虚拟空间将得到进一步发展。

2021年3月，微软发布了MR平台"Microsoft Mesh"。这是一个全新的作业场，分处不同地点的人们，能够通过各种设备汇聚到MR空间展开合作。戴上微软公司的MR头显"HoloLens2"之后，就能够在面前投影出3D数据全息影像图（如图6-4）。体验者可以移动全息图（物体），还可以调整它的方向、大小、颜色等。利用该设备，建筑项目的设计团队成员可以在尚未设计好的建筑物全息影像中边走边检查设计构造，医学院的学生们可以利用人体全息图进行解剖。

图6-4　MR平台"Mircosoft Mesh"投影的全息影像图

资料来源：日本微软。

在微软产品发布会"Microsoft Ignite 2021"上，线上嘉宾利用3D捕捉技术投射出与实物（本人）相同的全息影像，并参与了议题讨论。如果利用全息影像技术，能投射出与本人几乎一样的图像，那么可以说，我们几乎做到了"隐形传输（瞬间移动）"。

致力于与人类共同发展——辅助型人工智能

人工智能不带有人类的偏见，可以高速处理大量数据，即使不间断工作也不会感到疲倦。凭借这些优点，它们已经活跃在多个领域，成为人类的伙伴和帮手。

以教育学习领域为例。目前，广泛应用于学校和补习班的信息与通信技术教材SuRaLa中，由人工智能扮演老师角色，它根据每个人的学习情况，用鼓励、认可、赞美等形式鼓励孩子。以往的在线教育虽然可以帮助学生随时随地学习，但是在鼓励学习方面却存在不足，普通在线教育无法给予鼓励，一旦学生丧失干劲，教学行为便难以为继，人工智能恰好弥补了在线教育的这一短板。

在金融行业，帮助人们进行资产管理的人工智能顾问已经投入市场。例如，在一款名为"THEO"（资产设计）的资产管理服务中配备了人工智能助手，当人工智能从海量的市场数据中捕捉到股价下跌的迹象时，就会为顾客提出配置资产投资组合的最佳方案。

在医疗领域，人工智能擅长影像诊断。它可以从 X 射线、CT、MRI、内窥镜、眼底相机等得到的检查图像中发现异常，帮助医生做出综合诊断。最近的一个案例是，通过同步分析人体大肠内窥镜图像来检测息肉和癌症的"EndoBRAIN-EYE"（奥林巴斯公司），在2020年成为日本国内第一个通过医药、医疗设备质量、有效性和安全性法律认证的病变检测人工智能产品。

人工智能虽然取得了长足进步，但是它的应用仍处于起步阶段。为了使它更加贴近人类生活，成为人类的伙伴，除了提高其准确性和功能性外，还应该思考人类应如何与人工智能建立信任关系，这将是未来世界的一项重要课题。

　　日本政府在2020年度的《科学技术振兴机构战略项目的战略目标》中提及了"可信任的人工智能"研发目标。在政府的倡议下，人们正在推进相关研究，力图打造出可靠的、高质量的人工智能。研究主题多种多样，包括脑科学、认知科学、可解释的人工智能以及智能打假等。为了让人类和人工智能建立真正的信任关系，除了改进技术外，我们还要考虑如何让人类去接受人工智能。就像人与人之间建立信任关系一样，人类和人工智能需要互相接触，互相理解，共同发展。

第 7 章

"现实 × 虚拟"带来
最安全的社会

现实空间与虚拟空间不断融合

2020年,持续扩散的新冠肺炎疫情对社会产生了极大冲击。2020年3月,日本政府为了防止疫情扩散,出台了"三密(密闭、密集、密切接触)"预防政策,呼吁民众减少不必要的外出,鼓励企业居家办公、错峰上下班,要求日本全国小学到高中全部停课。

社交距离受到严格限制后,人们开始远程办公,利用互联网开展在线活动、在线会议及远程教育。各个领域都基于信息与通信技术不断开拓新的业务形式,数字化转型取得了飞跃式发展,甚至在医疗和政府行政等公共领域也取得了重大突破。同时,人们还尝试使用位置信息和行为历史数据来跟踪疫情发展情况。

当现实世界因疫情扩散或自然灾害等突发事件而运转失常时,虚拟空间将发挥重要作用。它能够替代现实空间,规避现实空间中的风险。疫情常态化后,人们在现实世界的活动受到较大限制,不管愿不愿意,我们都只能去学着适应虚拟世界。

在这一过程中,我们需要解决许多问题。现在人们利用网络开展远程办公和远程教育,每个人都会通过电脑、智能手机上的应用程序或网络会议系统从私人空间和私人网络环境中访问业务系统或公共系统，人们担心这可能导致出现网络安全问题。事实上，这种担忧并不是毫无依据的。有证据显示，疫情期间的网络攻击数量正在不断增加。

有些行业必须进行现场作业（例如制造业、物流业），或者不可避免地要与人接触（例如服务业）。对于这些行业来说，他们的工作很难转到线上进行。在这种情况下，从业者不得不限制现实世界的活动，尽可能控制感染的风险。

从世界范围看，中央政府和地方政府在开展行政管理时，正在越来越多地利用个人信息。当然，这或许是为了更好地控制疫情。不过，此处应该有一个度的把握，即对个人信息的使用红线应该画在哪里，然而这一事关个人隐私的问题至今并没有明确的答案。

现在，社会的数字化转型正在迅速发展。即使疫情结束，这种趋势也不会改变，社会不会回归到疫情之前。展望未来50年，传染病和自然灾害风险将继续增大，因此我们在解决诸多社会课题的同时，还要进一步采取措施，确保现实空间和不断扩大的虚拟空间的安全，为人类提供必要的活动场所。

安全的现实空间保护着我们的生命和生活，安全的虚拟空间能够降低现实空间中自然灾害和传染病带来的影响。如果虚拟空间的安全得不到保障，那么现实空间的安全就会受到威胁。我们希望在未来社会，人们能够放心地行走于两个空间中，安全成为一种常态。

与自然灾害和传染病共存的韧性现实空间

要最大限度减少现实世界中自然灾害和传染病造成的损失，一定要做到早期预测。我们希望在发生自然灾害或传染病时，社会能够顺利进入应急响应状态，人们能够自然地采取行动挽救生命，最大限度地减少损失。另外，还要做好必要的准备，届时可以一方面保证社会的正常运转，另一方面迅速展开灾后恢复和重建工作。但是，如果因为过于重视风险管理而影响了日常生活的效率和便利，就是本末倒置了。之前，人们因为防灾技术不成熟，或因为纵向行政管理体制导致处理问题缺乏大局观，所以在灾难来临时，往往很难做到既保持日常生活的高效便捷，又能灵活处理突发事件，而3X的发展将帮助人类更好地解决这一问题。

大的灾难发生之后，人们的防灾意识和危机感会陡然增强，但是很难长久维持下去。这一点即便是在日本这种自然灾害多发的国家也不例外。随着灾后时间的推移，应灾预算越来越难以得到保障，社会又回到之前的状态，防灾减灾为工作和生活让步。因为防灾工作的前期投资只以预防维护为目的，不会产生立竿见影的收益，所以很难在财务方面得到支持。这也是灾后或疫情暴

发后应对措施不力的原因之一。

今后我们一定要高效利用有限的预算和人力资源，根据风险评估程度采取措施，开展可持续性的防灾管理。此外，还必须加快打造出一个能够与自然灾害和传染病共存的韧性社会，以便在自然灾害和传染病发生时能够快速灵活地做出反应。

所有人都可以自由活动的、可信赖的虚拟空间

人类即将迎来超级数字化社会，而虚拟空间则是这一社会的基础，因此我们要在最大程度上保证虚拟空间的安全。虚拟空间的信息流动经历了"收集→存储→流通→利用"这一过程。一个社会要创造出安全的虚拟空间，获得所有人的信任，那么就一定要按照以下流程妥善处理个人信息：①从虚拟和现实空间收集信息→②将信息存储在虚拟空间中→③让信息在虚拟空间的各个主体之间流通→④在虚拟和现实空间中使用信息。

50年之后，虚拟空间中除了信息之外，还将充斥大量数字化复制的人格、分身和人工智能。因此我们除了要保证信息安全之外，还要在人类与数字化复制的人格、分身、人工智能之间建立信任关系。

要打造理想的现实世界与虚拟世界，需要从个人与社会两方面着手进行改革。

利用3X和共域打造个性化防灾体系

　　利用现实空间和虚拟空间来保障人的安全，我们需要打造一个"个性化防灾"体系，根据个体特点提供最恰当的应急救援。无论是应对自然灾害还是传染病，我们的最终目标都是做到"零死亡"。为了尽可能减少死亡人数，我们要构建合理的机制，准确评估每个人面临的风险，根据人们可以承受的风险值，采取最合理的应急措施（如图7-1）。

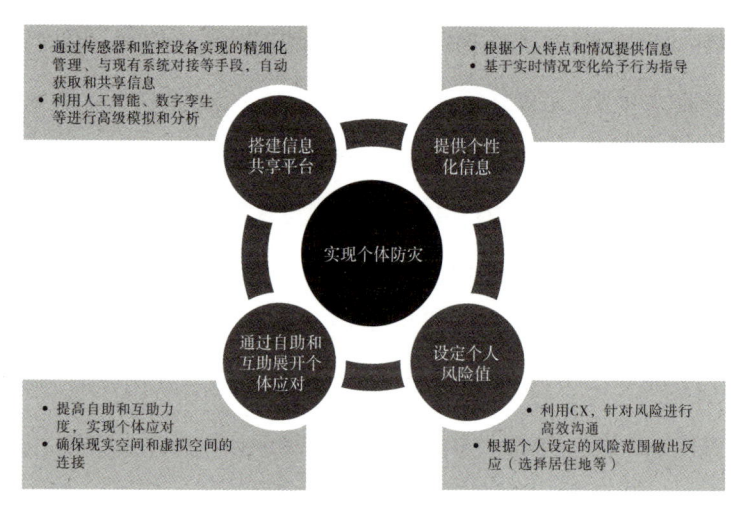

图7-1　实现个体防灾的必备要素

　　为此，我们需要借助3X的力量，构建自然灾害和传染病的信息收集和共享机制，使人们能够跨行业收集并共享各种实时的、高分辨率信息。未来10年，社会基础设施的数字化转型会取得飞跃发展，人类将在各处配备高精度传感器。如果发生灾难或疫情蔓延，人类将从这些数量庞大的传感器中收集准确的信息，并使用先进的人工智能展开模拟，精准判断事件发展态势。

个人风险信息（例如运动能力、年龄、认知能力、慢性病史、过敏史、既往行为史等）还要与个人身份证明（ID）绑定，并在严格的监控下，与中央政府和地方政府实现共享。要达成这一目标，中央政府和地方政府的信息系统要联网，同时社会还要建立健全个人身份编码制度。

根据这些数据，我们将对不断变化的形势做出综合判断，实时、准确地评估风险，提出相应的解决方案。具体来说，我们要及时、主动提供各种信息，包括疏散时间、疏散路线、疏散时携带的随身物品、前往医疗机构的路线图等。此外，还可以结合CX，根据个体特点给出个性化风险规避提案，提高风险规避效果。有了这些技术的支持，每个人都可以轻松采取行动规避风险。

当然，仅靠国家和政府的努力很难达到个体防灾的效果。因为在提供紧急救援时，不能只依靠虚拟空间，还要在现实空间中采取行动，需要人赶往现场，所以，我们要创建共域，借助自助和互助的力量，以此补充国家援助的不足之处。

为此，2030年之前，企业和研究机构要建立起精细化和自动化的传感监测体系，国家和政府要完善信息汇总和分发平台。此外，我们还需要根据这些信息创建出精确的风险感知地图，使社会对风险情况达成共识。到2040年前后，我们将进一步完善相关体制，加强个体行为分析，保证在紧急情况下能够及时提供为个人量身打造的定制化信息。

紧急状态下也能应付自如的"全天候社会"

要使社会无论在平时还是紧急情况下都能正常运转，人们不能只重视工作效率和生产力，必须站在更高的角度去推动基础设施建设。我们要使基础设施满足以下两点要求，一是无论日常还是紧急情况都可运转；二是可同时解决多个问题（满足多方利益诉求）。

自然灾害和传染病可能会在某一天突然爆发。那时，我们必须在不损害工作效率和生活便利的前提下，使用有限的资金和人力予以应对。为此，我们必须整顿社会资本，建立合理的机制。要注意的是，我们需要的不是紧急状态特有的应急机制，而是在平时也发挥作用，一旦发生灾害，即可无缝切换到应急状态的机制。

例如，我们需要制作动态地图，这是自动驾驶不可或缺的信息基础设施，通过在高精度三维地图上添加与交通和天气相关的实时数据而制成。要制作这种地图，我们需要收集详细的三维位置信息。这些数据既可以用于灾害风险调查和损失预测模拟，也可以用于紧急情况下的救援。此外，我们可以构筑一个可以在紧急情况下快速收集和分发信息的网络系统。在平时，政府部门和相关机构也可以利用它来共享信息。

随着数字化的进一步发展，虚拟空间的社会和经济活动会越来越活跃。这将带来以下好处：首先，城市人口过度集中问题将得到一定程度的缓解；其次，我们不仅能够提高社会的日常运行效率，在紧急状态下，还能迅速完成现实空间和虚拟空间的切换；最后，我们能够根据灾害风险管理机制，通过自治分散化手段最大程度利用土地。我们在升级完善社会资本时，要使它既可以应用于平时，也能够服务于紧急状态。今后这一点将变得越来越重要。

从长远来看，我们将实现"数字孪生"（在虚拟空间中再现现实世界），人们可以在现实世界和虚拟世界之间自由切换。各个领域都可以在平时和紧急情况下迅速切换空间模式，将损失控制到最低程度（如图7-2）。

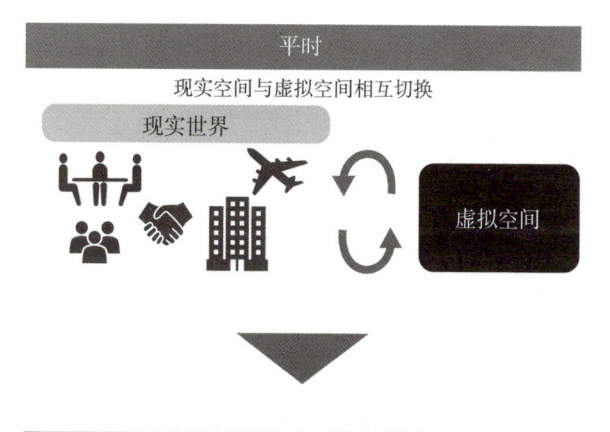

图7-2 平时与紧急状态下现实空间与虚拟空间的模式切换

虚拟空间信任治理框架的建立

如上所述,虚拟空间为个人与社会提供了各种方便。为了巩固这种信任关系,我们需要建立一个包括技术、法律制度、市场设计和社会规范在内的治理框架,通过社会机制来维持信任关系,这就是跨立场、跨领域的信任框架(如图7-3)。

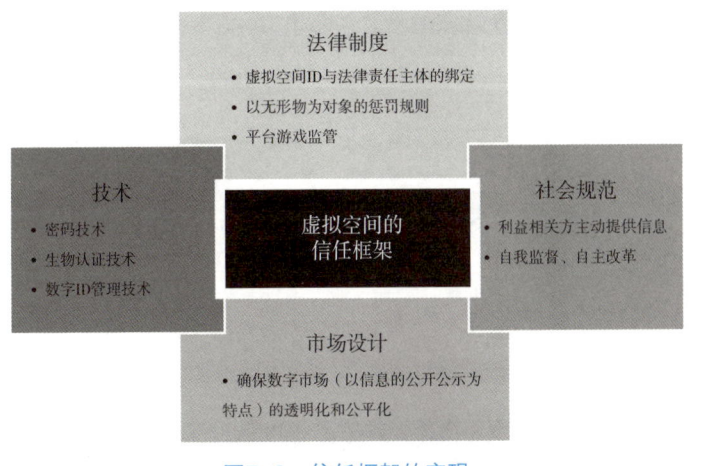

图7-3　信任框架的实现

这种治理框架的确立需经过以下三个阶段。

第一阶段，到2030年前后，在中央政府的主导下规范各种制度，保证电子商务和数字化行政顺畅运行。具体来说，要制定各种规则，包括虚拟世界中的人格与现实世界中的法律责任主体的绑定，对虚拟平台的监管，对著作权、人格权等无形物的权利保障等。在这一阶段，中心化治理框架基本成型。

第二阶段，到2040年前后，在企业的主导下对社会机制进行优化升级，使虚拟空间内的交易活动更加活跃，个人信息更加安全。例如，企业可以精确、自动、实时开展一致性管理和漏洞扫描工作。在这一阶段，该框架将逐渐向去中心化方向发展。

第三阶段，2050年前后，通过人工智能推进治理和执法的精细化、自动化、实时化，构建去中心化的治理框架，平衡企业与个人的利益。

3X提升安全保障

在未来社会中，虚拟空间与现实空间动态地融合在一起，我们既要提高对自然灾害和传染病等现实风险的抵御能力，同时还要确保与现实互补的虚拟空间的安全。3X能够将现实空间与虚拟空间联系在一起，提高两个世界的安全性。

对环境展开精密监测——创新型传感技术

传感技术利用传感器捕捉现实空间中的各种信息，然后将其转化为数据。它是数字社会的价值来源，有着非常重要的作用。

目前，人类社会的各个领域都能见到传感器的身影，它们包括测量光、声音、温度、压力、振动等的物理传感器与测量气体和液体成分的化学传感器。如果人们能够将不同领域的更加多样化、更高精度的数据汇总起来，进行分析和共享，那么我们的社会对自然灾害和传染病的抵御力将变得更强。

超微量传感技术可以稳定检测出微小振动（以往设备往往将其认定为噪声）和分子级尺寸的微量成分。新能源与产业技术综合开发机构（NEDO）在超微量传感方面开展了四个研究项目，它们均可以为社会提供创新型服务。其中的两个项目关系到我们的社会安全。

一个项目是能够安装在身边建筑物（如电线杆、路灯）上的片状高灵敏度多传感器。它可以检测到地表轻微振动引起的环境变化，可用于监控平时的人车流动，掌握人员和物资流动的情况。一旦检测到灾难迹象，人们可以利用这些数据迅速掌握相关情况，指导居民疏散。它是全天候社会和多元效益城市的必备设施。

另一个项目是"病毒守门人"，它使用一种高性能生物传感器，即使少量生物分子也能被精确检测出来。这一技术可以在短短几分钟内从几滴唾液中检测出是否存在病毒，是一种简单高效的传染病筛查方法。目前，它正在逐渐应用于社会。

目前，我们在进行传染病感染情况调查时通常都采用传染病监测机制，即从患者体内采集样本，交由专业机构进行检测，再将结果呈报给中央政府。但是这种方法无论在采集样本阶段，还是检查阶段，都要耗费大量人力，而且需要几小时到几天才能拿到结果。而如果生物芯片（能够高灵敏分析生物分子的芯片）和单细胞分析技术（从单个细胞图谱中分析基因表达和基因组DNA状态的技术）取得突破，那么人类甚至能够检测出空气中的病原菌和病毒。如果利用这种技术，在机场、港口等无症状感染者（带病菌、病毒者）入境的地方，或者在存有内部感染风险的医疗机构内部构建生物传感控制系统，不断检测空气状态，那么就可以有效预防病毒从外部流入。

宏观传感技术对于预测长期气候变化和自然灾害的发生也很重要。通过遥感观测技术，人类可从远距离观测大范围环境变化。遥感观测设备安装在绕地球运行的人造卫星、航空器、无人机等设备上。传感器的种类大致可分为两种，一种是光学传感器，它利用太阳光的反射或地球的热辐射；另一种是微波传感器，它利用雷达反射来掌握物体状态。人们利用这些传感器预测气象，掌握地震、台风、火山爆发等灾害情况，监测各种人类活动。同时，还可以用它们对地球环境进行长期监测，监控地表覆盖、海面温度等地表或大气的长期变化。高性能无人机帮助人类快速获取高清数据；人造卫星体积越来越小，多颗卫星组成观测群，帮助人类获取大量数据。利用人工智能图像分析技术来解析这些数据，人们将获得更多新的信息。

拓展现实世界——XR（VR、AR、MR、SR）

将现实空间与虚拟空间融合在一起的技术正在迅速进入应用阶段。

VR为我们创造了一个虚拟空间，让体验者有一种身临其境的感觉，它已经广泛应用于游戏领域。除此之外，还有在现实空间加入电脑图形的AR技术，在虚拟空间中添加真实信息的MR，以及利用过去的影像来替代现实，创造出另一个现实的代替现实技术（Substitutional Reality，SR）。这些技术统称为XR，它是一个宽泛的概念，意味着将现实空间与虚拟空间融合在一起，创造出新的体验。

XR带来的真实体验有助于保障社会的安全。近乎真实的灾害模拟体验是一种很好的防灾教育，可以纠正人们在灾害发生时陷入的认知偏差（一种认知扭曲，低估未知情况，无法做出适当反应）。日本全国防灾共助协会正在推广的"Mitacho"正是一款防灾减灾AR应用程序，现在它正在逐渐普及到全社会。当发生灾害时，即使在没有信号的地方，人们也可以利用XR，通过智能手机查看现实中的疏散路线，平安前往安全地带。

XR的发展离不开显示设备的进步。在现阶段，人们往往需要头显来获得沉浸式的空间体验。为了能带来更好的体验，人们同时也在开发各种新产品和新技术，包括将图像直接投射到视网膜上的眼镜，以及可通过肉眼识别虚拟空间，多人共享图像的技术等。

要利用XR拓展现实，我们还需要掌握一种能够快速构建虚拟空间的技术。例如，现在创建一个电子卡牌游戏（DCG），我们需要为所有物体创建三维模型。如果人类掌握了神经渲染技术，能让人工智能根据二维图像自动推断其三维结构，以此创建电子卡牌游戏，那么我们可以瞬间将眼前的现实世界搬到虚拟空间中。这一技术的发展将极大影响后文所述的数字孪生。

虚拟空间中的另一个城市——数字孪生

顾名思义，数字孪生是一种在虚拟世界中再现现实世界的技术，它将打造出现实世界的孪生空间。如果能够通过物联网收集现实世界各种事物的数据，并在虚拟世界中真实地再现出来，那么人们无须使用物理模型就可以进行各种模拟。现在数字孪生已经在制造业领域大显身手，人们利用它来验证和模拟产品功能。如果前文所述的传感技术和XR得到进一步发展，能够实时收集大量数据，那么人类便可以更好地、更大规模地将现实世界搬到虚拟世界中。

这种技术的一个重要应用是帮助人们创建安全城市。如果可以为整个城市制作数字孪生，那么我们就可以开展无法在现实中开展的防灾防病模拟演练，对事态发展做出准确预测，从而制订周密的防灾计划。当灾难发生时，利用数字孪生，我们能够实时掌握城市受灾情况，发出科学的疏散命令，采取精准的救援活动，进行高效的灾后重建。未来，如果我们可以在现实世界和数字孪生之间自由切换，那么即使在紧急情况下，我们的经济活动也能够顺利开展下去。

新加坡政府推出了举世闻名的"虚拟新加坡"计划，为整个国土打造了数字孪生。日本现在也在推进相关工作，所依据的正是国土交通省于2020年4月发布的《国土交通数据平台》。

日本政府首先着手的是，把中央政府和地方政府管理的基础设施信息、地面信息都编入数字3D地图"AW3D"和高精度三维地图数据库中。到2022年年底，数据库还将收录经济活动和气象数据，内容范围进一步扩大。这些数据可以应用于不同行业和领域，有助于推进防灾计划的实施和基础设施的管理，从而更有效保障现实世界的安全。

永不失窃的钥匙——量子密码技术

密码技术是为数字社会提供安全保障的重要技术之一。全世界每天产生大量数据，其中有很多是机密数据。如果人们习以为常地滥用这些数据，虽然暂时获得了便利，但是一旦信息泄露，就会带来巨大的社会或经济损失。因此，在未来世界中，数据安全将变得越来越重要。

迄今为止，密码技术主要是通过增加密钥公式的位数来增加运算量，以此提高破解难度。人们通常认为，如果能设计一个超高难度的密码，即使最先进的超级计算机也要计算多年才能破解，这样数据就安全了。但是量子计算机的出现可能会颠覆这一切。量子计算机具有超强计算能力，无论多庞大的计算组合，它都可以瞬间计算出来，这样一来，传统的安全概念将被推翻。这要求我们必须开发出量子计算机时代的密码技术。

在这一背景下，量子密码技术作为理论上牢不可破的新一代密码技术而备受关注。量子密码技术的关键是它使用光子（一种量子）作为密码信息的载体。量子行为符合量子力学规则，而不遵守通常的宏观物理定律。它在被观察时状态会改变。因此，当有人通过网络攻击来盗取信息时，携带密码信息的光子就会改变状态。也就是说，如果有人想窃取信息，这一行为肯定会被识破。此时，我们如果能使该密码立即失效，并重新生成新的密码，那么就可以保证密钥绝对不会被盗。

但是，目前量子的发射和接收设备非常昂贵，而且可以直接传输的距离最多只有100千米左右。要实现远距离通信，需要设立大量的节点，但是这样做容易出现安全漏洞。此外，仅仅在通信过程中防止数据被盗并不能做到绝对的安全防护。我们还必须改进密钥分享和数字签名技术，这将帮助我们防止计算机中的本地数据被篡改，而且在灾难来临或网络故障时能够保存数据。

目前在量子密码技术方面，日本处于领先地位。日本情报通信研究机构（NICT）等研究机构和企业通力合作，不断推进设备开发、验证以及业界规则制定等工作。2020年，日本政府发布了《量子技术创新战略》，首次将量子技术定位为国家战略。我们预计未来量子技术将应用于越来越多的行业。

第 8 章

在"一个地球"能
承受的限度内生活

回归地球可承载的生活方式

"地球对我们而言变得太小了。"

这是2018年逝世的理论物理学家斯蒂芬·威廉·霍金（Stephen William Hawking）在遗作《十问：霍金沉思录》（*Brief Answers to the Big Questions*）中的一句话。在这句话之后，他接着写道：

"我们的物质资源正以惊人的速度消耗殆尽，我们向地球呈上气候变化的灾难性礼物。气温上升、极地冰盖减少、森林砍伐、人口过多、疾病、战争、饥荒、缺水和动物物种毁灭，这些都是可以解决的，但到目前为止还未解决。

全球变暖是由我们所有人造成的。我们想要汽车、旅行和更好的生活标准。麻烦在于，当人们意识到正在发生的事情时，可能为时已晚。"

"为时已晚"的危险正在步步逼近。

2009年，时任斯德哥尔摩复原力①中心主任约翰·罗克斯特伦（Johan Rockström）等人发表了论文，在论文中，他们提出了"地

---

① 美国心理学会（APA）将复原力定义为面对逆境、创伤、悲剧、威胁或其他重大压力的良好适应过程，也就是对困难经历的反弹能力。——译者注

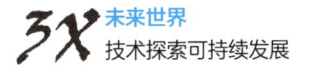

球极限"（Planetary boundary）概念，引发了世人的广泛关注。

约1.2万年前地球冰川期结束，人类在气候稳定的环境中生息繁衍，创造出人类文明。工业革命以后，工业和农业取得了巨大发展，特别是20世纪50年代以来经济活动爆发式增长，人类对地球环境的破坏行为愈演愈烈。罗克斯特伦警告说，人类对地球的干预即将超出环境自愈能力的极限。

这篇引发热烈讨论的论文后来整理成书并出版，名为《大世界小星球》（*Big World Small Planet*）。在书中，作者根据最新数据重新划定了各个领域的红线，并指出，目前气候变化、生物多样性、土地利用、氮磷污染等问题都已超出地球极限，达到了危险值。

为了让地球成为可持续的居住地，人类必须充分利用科技的力量，实践新的生活方式。我们需要重新定义何谓富裕，使我们的生活重新回到地球可以承受的轨道上来。

使经济发展与资源消耗之间脱钩

一直以来，在人类社会中，富裕几乎等同于经济发展，想要富足的生活就要发展经济。为此，我们的社会不可避免地出现了资源消耗和环境负荷加重的问题。而在理想的未来世界中，富裕是"人的"富裕，是通过可持续发展和每个人的福祉而实现的。因此，我们必须把经济发展与资源消耗、环境负荷分离，即"脱钩"。

我们要保证在"一个地球"可承受的资源和环境限度内满足人类生存所需，做到可持续发展。为此，我们必须在未来50年内摒弃大规模生产、大规模消费和大规模废弃的粗放型生产生活方式，从这种所谓的"富裕"中解放出来。我们要保持健康的体魄，充分发挥自身潜力；在相互激励、共同分享、积极探索中学会与人、与社会相处；利用经验和技能创造新价值，实现自我……这些才能带来"人的"富裕，同时也是我们追求的目标。

要使经济增长与资源消耗脱钩，实现社会的可持续发展，我们一定要区分何为目的、何为手段，在此基础上提高手段的实施效率。

在日本，大约1/4的能源最终消耗在"移动"上。这里要注意的是，大部分的移动只是一种手段，而非目的。通勤的目的是在职场工作，上学的目的是在校学习，开车去商场的目的是购物。因此，我们需要找到既能达到目的，还可以降低能耗的方法。具体来说，我们可以尝试以下三种方法：第一种，提高能源利用效率，例如提高汽车燃油效率；第二种，切换到能源消耗少的移动方式，例如选择电车或自行车出行，少开私家车或者采用远程办公、在线授课的方式，减少移动带来的能源消耗；第三种，使用环境负荷较小的资源，例如从燃油车换成电动车。

以上三点可总结为：①提高效率；②节省资源；③资源代替。在日常生活中，我们将这三种方法结合起来，就可以做到既

达成目的，又节省能源消耗。换句话说，要在兼顾富裕和可持续发展的前提下找到最佳解决方案。

不过，要使经济发展与资源消耗之间脱钩，还要做到某种程度的回归。我们要改变生活方式，不是让消费来满足供应，而是让供应去满足消费。以食品为例，为了满足消费者的需求，我们经常采取两种手段，分别是反季节种植和产地运输。反季节种植往往在人工环境中种植农作物，而打造并维持这种环境需要消耗大量能源。产地运输同样如此。如果我们回归当地生产和当地消费的生活方式，那么不仅能够享受当地的时令食材，还可以减轻环境负担。我们的生产活动要尽可能回归与环境相适应的模式，消费方式也要做出相应调整。我们要认识到，尽管这种行为会带来某种意义上的不便，但这并非社会的倒退，而是一种进步，它将带给我们新的生活。

要同时实现"人的"富裕和社会可持续发展，除了利用3X改革能源消耗方式之外，还要通过共域来改变企业、社会和我们每个人的意识与行为。

同时兼顾多样化生活方式与社会可持续发展

要实现可持续发展这一宏伟目标，需要进行社会变革，而3X正是社会变革的强大驱动力。创新技术既可以为人类节省能源和资源，还能使我们的生活变得富裕起来。更重要的是，它能够改变传统的经济增长方式，使社会富裕不再依靠资源的消耗。以饮食生活为例，在过去，人们在较小的范围内实现自给自足。在此范围之内，有什么吃什么，没有的东西就不吃。这种简单的生活方式充分保障了地球的可持续发展，它的缺点是人类可选择的范围极其狭窄。

到了20世纪，人类的欲望不断膨胀，总是想随时都能吃到想吃的食物。为此，人类投入了大量的资源来满足自己的口腹之欲。于是，社会上开始了大量生产、大量运输、大量消费的生活模式。现在，无论何时何地，我们总是能享受到各种美食。但是很明显，这种生活方式是难以持续的。当务之急是利用3X来探索新的方法，促进社会的可持续发展，而不是简单地退回到过去。例如，利用DX可以优化供应链，减少损耗，改进制造流程，提高生产效率。将DX和BX联合应用于农业领域，可以最大限度地减少浪费，既能促进资源循环利用，还能产出食物。CX能够通过各种方式向消费者传达有益信息，宣传环保文化。

将来，我们利用可再生能源提供生产用电，减少资源消耗。与此同时，还要通过各种手段提高电能的利用效率，这些手段包括发电与蓄电的结合，根据发电情况细化输电管理等。要建立起高效的能源供需网络，离不开DX的数字平台。

3X改革的关键除了要降低环境负荷之外，还要使人们生活更

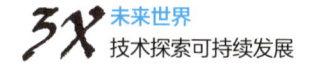
方便、更舒适，为个人提供更多的选择。要同时满足这两点，我们要做的是高效利用资源，促进资源循环使用，以及最大限度利用可再生能源。

到2070年，每个人都能将环保理念贯彻到行动中，以能源消耗为前提的大规模生产活动将难觅踪迹，社会实行定制化和个性化的物资供应，整个社会将实现可持续发展。

通过共域提升价值观，改善人类行为

消费者环保意识的提高，对于减轻整个社会的环境负担来说也很重要。人们的环保意识不能只停留在想法上，还要贯彻到实际行动中去。

日本人自古以来就崇尚节俭，反对浪费。东西还没用完就扔掉我们感到可惜，不用的房间开着灯我们感到可惜，倒掉剩菜剩饭我们也感到可惜。然而，这只是我们的直观感受，它们不一定能够减轻环境负担。什么才是真正的环保，什么才是有效利用资源呢？换掉旧家电，使用新节能家电更环保；在用电需求低、可再生能源发电量多的时间段积极用电才是有效利用资源。

我们的价值观往往跟不上科技（例如回收再利用技术）的进步，我们直觉中的浪费与实际的浪费可能有所偏差。如何才能消除这种认知上的偏差，让消费者真正从意识和行为上都做到环保呢？

我们要摒弃简单的主观论断，也无须强迫自己去忍受这种情况，而是要想出办法，在减轻环境负担的同时，为人类发展提供更多选项。为此，我们提出"新节俭、真节俭"理念，即提高生产技术、供应技术、资源循环技术，升级配套社会机制，改变人们相应的价值观和行动，在科学认知和数据的助力下实现社会的可持续发展。通过更新技术、社会机制、价值观和行动，创造出真正的成果（如图8-1）。

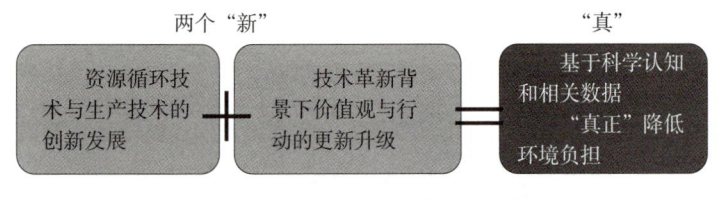

图8-1 "新节俭、真节俭"理念

要使"新节俭、真节俭"的理念更好地获得推广普及，我们要构建合理的机制，利用适当形式把个人行为对环境的影响表现出来，制定个人行为的环保指标，并且使环境价值能够交换和流通。

现在，尽管社会上出现了部分环保服务，例如展示产品的生命周期，计算个人活动排放的二氧化碳量等，但是它们并没有广泛深入人们的生活。为了给消费者带来清晰的认知与动力，我们需要利用DX把产品从生产到消费的所有信息统合起来，清晰地展现出每个人的生活与地球环境之间的关系。

为此，在2030年前，我们要找到合理的方法，准确计算产品或服务的环境负荷。与此同时，还要利用区块链技术将生产者信息与产品绑定，实现产品信息的可追溯化管理。2040年之前，我们要建立并完善环境负荷信息平台。另外，我们还要创建共域，利用它来创造和交换环境价值，并使环境价值流通起来（如图8-2）。

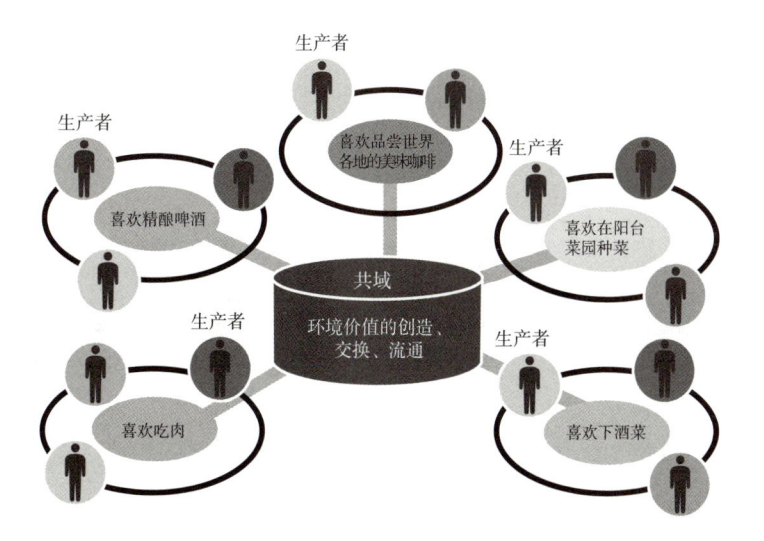

图8-2 基于"新节俭、真节俭"理念而形成的共域（以吃为例）

随着DX和BX的发展，人们将提供更多环境负荷小的商品和服务。人造肉、培养肉①、藻类等生物燃料，共享服务等将逐渐进入我们的日常生活，成为人们触手可及的选项。利用CX，我们可以创建一套机制，用来评估个人行为与环保的契合度。这套机制将

——————————
① 培养肉又称实验室培养肉、试管肉等，是以动物细胞培养技术生产的肉，拟用作传统肉类食品的替代品。——译者注

极大地促进环境价值的交换和流通，最终它将发展成共域。

在3X和共域的影响下，社会生产进一步分散化，生产者和消费者之间的信息交换更加活跃。这将大大缩短供应链的长度。更重要的是，在供应链中不仅空间距离缩短了，生产和流通过程缩短了，还因为人们能够互相见到对方，所以彼此的心理距离也缩短了。消费者能够想象生产现场的情景，他们以生产者为中介联系到一起，形成自己的小圈子。在这个圈子的帮助下，消费者能够做出更好的消费选择。

以可持续发展为目的的消费转型固然重要，但仅凭这一点很难调动大部分人的积极性，让他们做出令人满意的成果。关键的一点是，要利用创新技术，提供人们喜闻乐见的环保产品与服务。它们必须是新颖的、有趣的、引人入胜的、通过合作人们可以轻易完成的。

到2040年前后，人们的生活方式将发生转变。消费多少，就供应多少，供应要配合消费情况，这种环保型消费形态将获得普及。到2050年前后，消费带来的环境负荷将完全可视化，社会将构建合理的机制，通过人工智能的自动选择和自动优化，每个人的行为都能满足环保的要求。

以下将以食品和能源为例，从消费和供应两个方面介绍日本在未来会采取的重点措施。

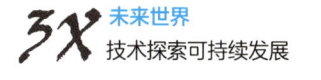

践行不浪费资源的消费观

充分利用环境的馈赠——食物零浪费

日本农林水产省2016年的数据显示，日本一年内投放到市场的食物约8088万吨，餐饮企业每年产生厨余垃圾1970万吨，家庭每年产生厨余垃圾789万吨，合计超过了2759万吨。其中，通过焚烧或掩埋进行处理的垃圾为1076万吨，占市场上食物总量的13.3%左右。我们的目标是通过优化供应链，减少流通损失，提高生产和回收技术，将食物最终处理量减少到零。

吃得少，吃得好——优化饮食习惯

与谷物相比，肉类的生态足迹数值更高，这说明它对环境的影响更严重。为了改善肉类的生态足迹数值，我们将逐渐使用人工肉来代替肉类。现在，每个日本人每天从肉类中摄取16.6克蛋白质。未来，其中的30%将由人工肉提供。

每个日本人每天的能量摄入为2666.5千卡（1千卡≈4.19千焦），超出了标准值。未来，有望通过人工智能进行营养管理，根据每个人的健康状况和口味提供合理的膳食。

由个人所有到多人共享，由现场操作到远程协同——消费行为变革

共享经济和数字经济的发展帮助人们摆脱物质中心主义，远程协同技术的进步帮助人们改变传统的出行方式……这些消费行为的变化能够帮助人类极大地改善生态足迹。举例来说，日本国内汽车的使用率约为4%，如果通过汽车共享的普及能将这一数字提高到20%，那么汽车数量只需现在的1/5即可满足人们的出行需求。同样，我们在扩大服装、家电等生活用品共享的同时，利用DX削减制造和流通成本，可以将由此产生的生态足迹数值降低30%。

未来，我们要利用远程协同技术减少半数以上的出行，还要利用数字化技术做到无纸化办公，争取报纸、书籍、信件对纸张资源的消耗减少90%。

无碳化能源供应改革

农业和渔业的智慧化转型——提高农渔业生产力

未来人们将利用人工智能和物联网技术对化肥、农药、水分等资源进行配置，并实现环境控制的精细化管理，大幅提高粮食生产力。同时还要想办法使生产者能够实时掌握生产管理数据，

包括气象信息、病虫害信息、田间数据（生长情况、环境状况）和自然灾害的前兆等。还要使现场生产设备和环境控制设备能够接收这些数据，并根据数据信息展开工作。通过以上努力，争取畜牧生产和粮食生产的效率比现在提高60%，水产养殖的生产效率提高20%。

电力生产结构的重大调整——日本国内实现二氧化碳净零排放

从生产角度来看，日本的二氧化碳排放占据了其生态足迹的3/4左右。由此可见，脱碳是改善生态足迹的关键。日本要将电力的主要来源转变为可再生能源，再配合碳捕获与封存技术（CCS）和氢能发电等技术产生稳定的非化石能源，通过这种方式实现电力能源的脱碳目标。此外，对于工业和运输部门的非电力需求领域，也要推进低碳化转型，到2050年，包括森林吸收的二氧化碳在内，实现日本国内二氧化碳净零排放目标。

在模拟电力领域100%脱碳时，我们发现，如果只利用可再生能源来达成二氧化碳净零排放目标，那么我们将需要大量的储能设备来保证电力能源的储备和调节功能。所以，较为现实的解决方案是以可再生能源为主，辅以其他稳定的非化石能源（如图8-3）。在蓄电设备方面，我们将提高相关基础设施的使用率，例如把逐渐普及的电动汽车作为蓄电设备来使用。

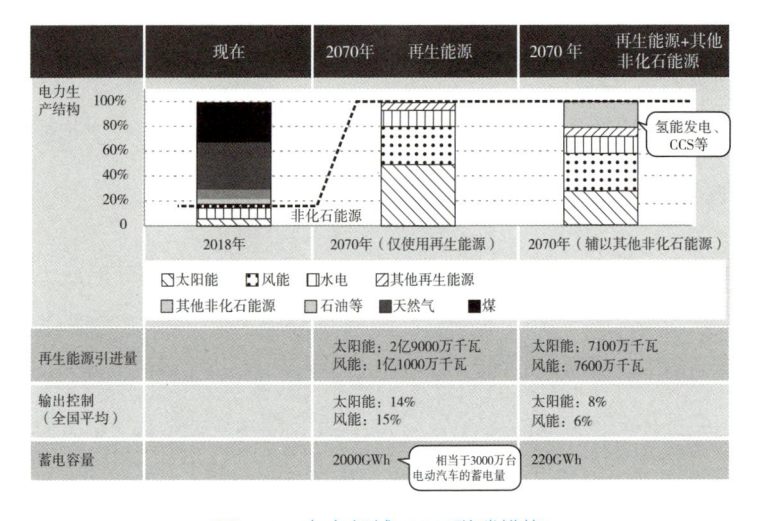

图8-3 电力领域100%脱碳模拟

将节能减排技术推广到全球——减少进口产品产生的二氧化碳

日本碳足迹的1/4左右来自进口产品，如果其他国家二氧化碳减排工作取得重大进展，日本的生态足迹也将得到改善。因此，我们要通过技术转让和经济合作的方式，继续推进目前在海外开展的二氧化碳减排工作。

3X保障社会的可持续发展

在新的时代，我们既要把资源消耗限制在"一个地球"能够承受的范围内，又要满足人们的富裕需求。为此，我们必须通过

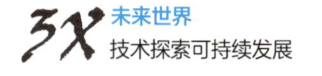

创新技术来提高生产效率，找到更多环境友好型发展方法，推动消费结构的变革。

以下是目前正在开展的3X项目。在3X的助力之下，人类即使不依靠资源消耗，也能实现富裕的目标。

农业的智慧升级——农业DX

未来，世界人口将达到100亿。届时，要利用有限的资源，在温室气体允许排放的范围内，持续满足不断增长的粮食需求，就必须利用3X大幅提高农业生产力，使劳动密集型农业转变为高科技智慧农业。

日本农林水产省目前正在推进的农业DX，其关键内容有三点。第一，利用机器人和信息与通信技术，使农业生产更省力；第二，利用各种数据提高农产品质量；第三，提高农业管理效率。除此之外，日本农林水产省还提出了"2025年之前，农业的生产管理全部交给数据"的目标。

2019年，日本政府公布了《农业新技术田间实施推广计划》，展望了未来农业管理的图景，其中包括遥控机器人拖拉机整地、无人机农田管理和农药喷洒、田间自动供水系统、自动收割机、家畜自动挤奶机器人等各种创新技术的应用。2020年，日本政府又颁布了《智慧农业推广一揽子政策》，用于保障《农业新技术田间实施推广计划》的推广实施。

这些措施主要是通过减少工作时间和提高产量的方式，实现高效生产和高附加值生产，使农业生产从依靠直觉和经验转变为依靠数据。这种方式能够优化农业生产模式，减少化肥和农药的使用，减少能源消耗和浪费，最终能够大大减轻环境负担。

用科技的力量减轻农业生产负担、改善利润结构，这将吸引更多年轻人加入这一行业。同时，农业DX还能够有效应对从业者老龄化和劳动力短缺问题，促进行业的可持续发展。

低环境负荷蛋白质——培养肉

牛肉和猪肉是人们餐桌上常见的食物，但从可持续发展的角度来看，肉类生产过程存在各种问题。畜牧业需要大量的畜舍、饲料、水资源，其环境负荷要高于蔬菜和水果。举例来说，生产1千克畜肉所需的谷物饲料质量分别为：牛肉11千克、猪肉7千克、鸡肉4千克；所需水资源：牛肉20.6吨、猪肉5.9吨、鸡肉4.5吨。此外，牲畜嗳气和粪便排放的温室气体对环境的影响也不容忽视。近年来，越来越多的人从尊重动物生命权的角度出发，反对宰杀牲畜。

当前，我们面临着既要减轻环境负荷，又要满足人口增长带来的需求增多问题。为此，人们正在积极寻找新的蛋白质来源来代替肉类。例如，我们利用大豆制作出了人造肉，这种植物肉种类丰富，已经投入市场。昆虫作为环境负荷低的蛋白质来源也备

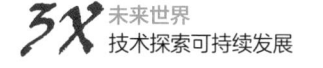
受关注。虽然在日本食用昆虫的案例还很少，但使用昆虫粉制作加工食品在欧洲和美国已经非常普遍。

目前，人们正在积极研究更正宗、更地道的肉，这就是提取家畜干细胞培养制成的培养肉。与以农产品为原料的植物性人造肉相比，培养肉的生产时间更短，而且由于可以在需求地区附近建立工厂并进行系统化生产，因此可以大幅降低饲养家畜造成的食物损耗。在流通方面，现在面临的最大问题是尚未发现可以大量且稳定地培养细胞的恰当方法。除此之外，细胞培养无法产生肌肉组织，所以培养肉没有肉类特有的韧性，吃起来没有嚼头，在口感上缺乏吸引力。再加上细胞培养需要从动物（例如牛）的胎儿体内采集生长因子，放到培养基中培养，这一切使得人们很难进行规模化采集，即使能够采集，成本也很高昂，因此培养肉的发展受到很大阻碍。

许多食品制造商和生物企业目前正在开展此类研究。他们研发出不使用生长因子的培养方法，以及带有肌肉组织的培养肉技术，现在这些技术正在投入实际应用。但是，这些未来新型产业要取得发展，还需要多个产业领域的共同参与，这些产业包括掌握专业培养技术的医药产业和化学产业、持有大量生产技术的制造业等。

还有一个重要的课题：培养肉属于新型食物种类，我们要如何消除人们对它的排斥，如何让社会接受它？2020年12月，新加坡在世界上首次批准销售培养肉，市场上开始出现由细胞培养而成的鸡肉。这件事引发了广泛关注，成为社会热门话题。在日本，农林水产省于2020年10月成立了"食品技术官民协议会"，目前正在制定相关法规，以便于培养肉的推广。

具备多种用途的自然资源——微藻

在海洋、河流和稻田中有很多绿色微生物。微藻是大小不足1毫米、有叶绿素，能像植物那样吸收二氧化碳进行光合作用的水生微生物的总称。

微藻只需阳光、水、二氧化碳和微量矿物质就可以生长，一年四季都可以收获。因为微藻营养价值高，所以在日本，小球藻、螺旋藻、杜氏藻等作为健康食品深受消费者喜爱。除此之外，微藻还是潜在的生物能源，这一点现在备受瞩目。

微藻能够通过光合作用产生多种有机化合物，其中有的藻类脂质含量较高，最高可达其干燥质量的70%以上。如果人们掌握了规模化培养和脂质提取技术，就有可能将其发展为下一代生物燃料，取代化石燃料。微藻产生的脂质种类繁多，可应用到药品、化妆品等各个领域。

在应用普及方面，我们面临的主要问题是如何做到低成本规模化培养。除此之外，还有提高藻脂提取率、提高对杂菌的抵抗能力、脂质藻类选种和品种改良问题等。

制作过程更环保，产品种类更丰富——3D打印机

3D打印机能够根据三维数据打造出三维物体，它的出现和发展给制造业带来了巨大变革。3D打印技术突破了切割、抛光、铸造等传统制造方法的限制，可按照实际需求，在现场完成工艺复杂的打印工作，而且打造出来的产品造型美观。3D打印不需要模具，只要有设备和材料，可以就地生产，所以可以大幅降低生产和运输环节对材料和能源的损耗。

3D打印机从20世纪80年代就已经存在，但直到21世纪初，它的专利才到期，成本大幅下降，由此才促进了其推广普及。2012年，美国《连线》（*Wired*）杂志主编克里斯·安德森（Chris Anderson）在《创客》（*Makers*）中宣告3D打印机将为新工业革命拉开帷幕。2013年，美国总统奥巴马发表国情咨文，其中3D打印技术被重点提出，3D打印一时间名声大噪。

3D打印机的建模方法有很多种。根据美国最大的标准组织美国材料与试验协会（ASTM）的规定，3D打印工艺主要有7种，其中包括使用激光等设备将光固化树脂固化层压的"光固化成型"工艺、从喷嘴喷出熔化树脂进行造型的"熔融沉积成型"工艺，用激光束照射粉末材料并烧结的"激光粉末床熔融成型"工艺、将液体粘结剂喷射到粉末材料上使其硬化的"粘结剂喷射"工艺等。

3D打印机所用材料多种多样，应用领域广泛，并不限于工业产品。在医疗领域，使用 3D 打印机制作的人体植入物、人造骨骼、高精度器官模型等已经用于临床实践。在不久的将来，3D生物打印技术可以利用活细胞来制作生物组织，届时我们可以制作出人工血管、肝脏组织，还可以利用患者的自体细胞建模制作出移植用的脏器。

3D食品打印机也已经面世了，它利用装在墨盒中的食材直接"打印"出加工好的美食。目前人们打印的主要是精心设计的点心等食物，但是在未来，我们可以在家庭厨房中轻松做出营养健康的膳食，满足每个人的个性化需求。

现在，人们正越来越多地尝试利用巨型3D打印机建造房屋和桥梁。3D打印的优点是无须模板，节省资源，缩短工期，而且能够打印出传统施工方法无法做出来的结构和大量应用曲线的设计。将来，这种技术可以用于灾后临时住房的搭建。3D打印技术能够以最少的资源，对任意产品进行个性化制作，这可以极大地帮助我们实现社会富裕和可持续发展。

最大限度利用可再生能源——电力DX

实现无碳社会的前提是最大限度地利用太阳能、风能等可再生能源。但是因为可再生能源的电力输出能力容易受天气条件影响，所以如果要保证电力的稳定供应，必须利用火力发电来进行协调补充。要摆脱这种两难境地、最大限度利用可再生能源，需要利用电力DX。

如果可再生能源发电比例增加，那么去中心化的小规模电厂数量也会增加。如果仍然像传统方法那样，为了稳定供电，利用很粗的电缆将大规模发电厂连接起来，组成供电网络，那么在整个过程中电力会有相当的损耗。要更高效地利用分散在各处的发电厂，就要远程控制需求方的设备，改变电力消费模式，利用需求响应法或者虚拟电厂（VPP法，Virtual Power Plant，即远程控制分布在各地的可再生能源发电设备和蓄电池，组成一个大型发电厂）来保证电力的稳定供应，同时兼顾发电效率。现在我们正在推进这项工作。此外，利用人工智能和大数据来预测供需情况，从而对发电量进行精细化控制的工作也取得了卓有成效的进展。

电力DX还可以提高电力基础设施的抗灾能力。输电网络如因地震或台风等自然灾害发生故障或停电，电力DX可快速确定故障范围和位置，安排快速抢修。我们利用这一技术可以预测电力供应情况，一旦预测到电力供应紧张，可立即要求需求方节省电能，必要时可让发电厂减少电力输出。这样，即使基础设施因重大自然灾害而受损，我们也可以针对供需双方进行个性化调整，避免大面积停电，保证经济活动正常进行。

通过电力DX，我们可以从安装在每个需求点的智能电表中获取详细的用电数据。例如，它能够自动采集用电量、使用时间、使用模式等数据，生成电力大数据。

除了稳定电力供应和提高发电输电效率之外，这种大数据还可以与其他领域的数据配合，促进社会整体的可持续发展。举例来说，利用电力大数据和交通运输业的物流数据，我们能计算出节能配送路线；利用电力大数据和行政数据，我们能制定符合当地居民生活习惯的防灾方案。

精准掌握信息，减少食物损耗——食品信息平台

在传统的食品流通中，为了防止供应短缺，食品的供给数量往往会比预测的需求多一些。然而，这种方法容易形成库存和流通损耗，影响社会的可持续发展。

要减少流通损耗，可以采取以下三项措施：①实现供给方去中心化，促进区域内资源循环；②根据需求方情况，实施定制化、按需化供应；③优化全流程。现在世界各地正在构建多人共享的信息平台，我们可以借助它来实现以上三点目标，优化供需平衡。

食品从原产地到消费者手中，大多需要经历复杂的运输路线，有的甚至会跨越国境。流通过程越长，食物损耗的风险就越大，而要做到在没有浪费的前提下优化整个复杂的供应链非常困难。但是现在利用DX，这一切将有可能成为现实。

在信息平台上，我们可以利用大数据和先进的人工智能，对需求做出精准预测，根据预测来优化物流配置。打造信息平台的

关键是区块链技术。在利用分布式网络共享信息时，它可以保证数据的可靠性和交易的安全性。区块链技术使网络中发生的交易都被保存在一个区块中，像锁链一样按照时间顺序连接在一起。因为管理者并没有数据管理的权限，所以这些数据很难被篡改。利用这一点可以提高数据和交易的安全性和可追溯性。由于供应链参与者（农民、产品加工者、物流公司）都能通过这一平台即时共享信息，所以我们可以利用它来优化整个供应链生态系统，将食物损耗降至最低。

今后，我们不仅需要了解产品的供求信息，还要了解生产者和生产过程的信息，清楚某个产品是由谁、怎样生产出来的，它的生产过程对环境产生了怎样的影响。如果消费者也能够加入这一平台，查看到这些信息，那么他们将能够更主动地去选择这种绿色产品，平台也将逐渐发展为共域。

第 9 章

技术与社群共同

打造未来世界

未来50年内社会的几次飞跃式发展

未来50年，人类社会将与地球环境和谐发展，人们过着真正的幸福生活。从技术角度来看，这一梦想的实现大致将经历分为以下几个重要阶段。

短期（2030年前），我们将继续利用现有技术来解决问题。

在健康方面，人们越来越多地利用在线医疗和人工智能来管理健康，癌症的超早期发现将变成现实。虚拟空间不断扩展，将给身处其中的人带来更加真实的感受。因为新冠肺炎疫情的影响，越来越多的企业开展远程办公，越来越多的人工作不受时间和地点的限制，实现了一定程度的自由。密码签名、生物识别、身份管理等安全技术不断进步，现实空间与虚拟空间中的个人信息被绑定到一起，虚拟空间的安全性进一步增强。

随着环境综合监测传感技术的发展，人们对自然灾害和传染病风险的认知会更加准确。人们对气候变化的危机意识有所提高，环保意识已经在人们心中扎根。经济活动中的供应链得到优化，环境负荷逐步降低。

中期（2040年前），现在仍处于萌芽阶段的新一代创新技术将得到应用。

随着远程医疗技术的逐步推广、医疗和护理保险制度的定制化发展，人与人之间的健康差距将逐渐缩小。政府将帮助人们建立各种联系，缓解人的孤独感，降低孤立风险。

虚拟空间将成为重要的工作场所和活动场所，在人类生活和工作中的比重与现实空间相当。虚拟空间中的服务市场和娱乐市场将大大扩展。一部分人会逆势而行，寻找回归现实之路。人工智能和机器人的工作范围进一步扩大，人类劳动将集中于可发挥人类创造力的领域。机器取代人工的步伐会越来越快，人的一生要经历多次学习与工作的循环（超级继续教育），安全网络进一步扩大，社会差距将得到纠正。

自然灾害的风险将变得可视化，人们会自然地利用这些信息选择居住地和生活方式，并规范个人行为。一旦灾害或疫情发生，社会将提供个性化的疏散信息和防疫信息，现实空间中的大部分活动可按需转移至虚拟空间。此外，我们将大力发展环保产品和服务，使之成为社会主流，从而降低整个社会的环境负担。

长期（2050年前），我们将实现人类与人工智能和谐共处的"自治去中心化合作"社会。

人工智能和机器人将渗透到人类生活的方方面面，健康管理、社交、劳动、休闲等各个领域都会出现机器人的身影。人类将拥有两个分身，分别是虚拟世界的分身（虚拟分身）和现实世界的分身（物理分身），人们可以利用分身来进行替代劳动、协同作业，还可以与他人共享某种经历。社会体系将建立在人工智能/机器人技术与人类相互合作、共创价值的基础上。

在环境方面，人类社会将实现碳中和，实现电力能源的脱碳化，最大限度地降低产品和服务的环境负担。与此同时，每个人的全球环境负荷信息将完全可视化，社会体系升级为循环型供应体系。

超长期（2070年前），我们将迎来一个面向22世纪的可持续发展的社会。

人们能够自由决定生活方式，不受生活或工作场所的制约。每个人将根据自己的价值观和人生目的分散生活在各处。那时，人们无须在大城市和小城市之间做出选择，无论在哪里都可享受到十分惬意的生活。

通用人工智能将得到普及，人类能够自由拓展身体功能，人体与机器进一步融合，能够根据个人生活记录调整并保持健康状态，每个人的衣食住行都与人工智能机器人密切联系在一起。人类能够与他人分享经历和感受，甚至能够"化身"为其他生物（动植物），体验它们的世界。强制性劳动将几乎被机器取代，人类通过一定的活动对社会做出贡献，以此获得相应的生活保障。

人类可以精确预测自然灾害和传染病的流行，将灾害带来的损失降至最低。人类还将制定并完善相关法规，将现实世界与虚拟世界全部纳入管理范围，推进现实世界与虚拟世界的治理工作，这将进一步提高社会信用度。在环境方面，人类将实现粮食

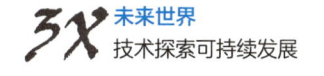

的循环生产，成功将资源消耗和环境污染物的排放限制在地球可承载范围内，实现地球的可持续发展。

现在人类急需升级

在前文中我们对50年后的未来世界进行了梳理。对于这样的未来，您有什么想法？是否认为笔者过于乐观？

这里列举的所有技术，或者已经取得重大进展，或者即将进入应用阶段，它们研发成功的可能性很高。现在，所有人都受到了新冠肺炎疫情这一突发灾害的冲击，因此技术升级和社会改革的进程可能会大幅加速，这样的话，文中所描述的未来世界很可能会提前到来。

当然，这并不是说只要我们老老实实地接受新技术，社会问题就会奇迹般地迎刃而解。正如本书反复强调的那样，任何技术都天生具有正反两面。在第1章我们说到，人类如果没有理解什么是未来、怎样才能创建美好未来，只是一味追求技术发展，那么所谓的未来是不完整的，是无法实现"人的"富裕的。如果我们想给3X找到真正的舞台，那么急需升级更新的，不是别的，正是我们人类自身。

在遥远的19万年前，我们的祖先为了寻找食物在广袤的土地上到处迁徙。他们用科技和社群的力量驯服了野生动植物，顺应四季的更迭循环，在某处土地上扎根下来，繁衍生息。

18世纪以前，人类依靠社群（村落和大家族）过上了自给自足的生活。后来，得益于生产技术的爆炸性发展，人类将能源、物资、人力等所有资源集中起来，不断创造出适应规模化生产的社群，极大地推动了工业的发展。

当今，人类正处在时代大变革的风口浪尖。如果我们想创造一个更美好的未来，就一定不能成为技术的奴隶或者社群的附庸。我们每个人都应成为这场变革的主体，使技术和社群为我所用。具体来说，我们应该如何建立人类与技术、人类与社群的关系呢？在本书的结尾部分，笔者给出几点意见。

人类与技术同步发展

关于人类与技术之间的关系，我们应该怎样做呢？

随着科技的加速发展，在未来，科技对人类生活以及人类生活方式的影响越来越大。但是从生物学角度看，人类从20万年前至今几乎就没有任何进化，而人类的社会结构自工业革命以来也没有发生重大变化。照这样下去，人类的法律制度、习惯和现有基础设施将难以适应技术的快速发展。要解决技术和社会之间发展速度不平衡的问题，使人类真正成为改革的主体，更好地利用技术，人类必须与技术互相学习，做到与技术同步发展。

尤其在未来，技术具备自律性，将取代人类的活动。如果人类与技术不能相互学习，那么技术或是变成少数人的牟利手段，或是在发展方向上步入歧途。

让我们以率先引入人工智能的将棋①世界为例，体会一下什么是人类与技术之间相互学习的关系。2020年，我们采访了天才职业将棋选手羽生善治九段，询问他如何看待人工智能与职业将棋选手之间的关系。他这样回答："人工智能下将棋时只需不断模仿已有的招数，而人类却要思考'我们为什么下将棋'这一根本问题。人工智能存在的意义在于使人类生活得更舒适，同样的，在将棋中人工智能是为了帮助人类提高自身的能力。"

保木邦仁研发了将棋软件Bonanza，并在其中导入了机器学习。2005年，Bonanza的源代码开放之后，很多程序员参与到开发工作中，这使得软件功能更加强大。现在，这款将棋软件已经学习了迄今为止的所有棋谱，能够瞬间计算出最佳落棋方案。

人工智能最初处于蹒跚学步的阶段，后来经过不断学习，逐渐变得越来越强大。在此过程中，我们常常听到人工智能战胜职业棋手。但是，纠结人工智能与人类哪个更强，这一问题从本质上来说并没有意义。因为，下棋这一行为本身只对人类来说才是有意义的。

---

① 日本棋类游戏的一种，将棋的始祖是大约5000年以前印度的查德兰，主流观点认为从东南亚传入，一说由唐朝的象棋传去日本后演变而成，在平安时代演变成平安将棋、平安大将棋。——译者注

自从人工智能成为将棋陪练后，人类学习将棋的方法发生了重大变化。在此之前，人类除了从前辈那里学习经验、研究棋谱之外，并没有更好的学习方法。而现在人工智能可以帮助人类训练，据说在初中时即成为职业棋手，并掀起将棋热潮的双冠王——藤井聪太也利用人工智能训练。

如今，在转播将棋比赛时，人们已经开始利用人工智能来点评战况。这样做能够让观众同步体会到高手对决时每一步棋的奥妙。这也是人工智能为将棋所做的贡献之一。

此外，人工智能还给将棋这一游戏的体验乐趣带来了创新。人工智能擅长从海量数据中选择最佳方案，能够找到最有可能获胜的高招，形成人工智能时代的定式下法。但是，将棋的力量和乐趣不仅仅在于能否找到最好的落棋招式。如果是这样，人们不需要亲自下棋，只需观看人工智能对弈即可。然而，恐怕没人这样做。人与人之间对弈时，每个人的经历不同、感受不同，在棋局中你来我往，即使胜算渺茫也要勇敢地落棋，有时也会犯下意想不到的错误。正因如此，才会出现各种出乎意料的棋局，也正是因为这种不拘一格的活力，才会让人为之着迷。

在上述采访中，羽生认为创造力是人类特有的能力，这是人工智能不具备的。的确，人类之所以从事各种活动，正因为我们能够从创造中获得喜悦，将棋的魅力也根源于人类的创造性。迄今为止，人类创造各种技术，并向技术学习，由此提高我们的创造力。如果人类停止创造，只一味模仿人工智能，那么发展技术也失去了意义。因此，"如何让技术学习人类的创造性"将是未来技术发展的重要方向。人类向技术学习，技术向人类学习，相互学习才是人类与技术共同发展的关键。

人类的创造力也能促使自己学习新技术，"科幻思维"即是一例。三菱综合研究所与筑波大学合作，致力于"科幻思维"（利用科幻小说来创造未来）的研究。科幻小说，顾名思义是一种以现实的科学技术为基础，通过人类的想象力和幻想加工后的虚拟文学作品。在科幻小说中，我们和他人共同沉浸在未来世界里。现实世界的很多技术都是在科幻小说中被构思出来的，它们尽管一开始听起来是荒谬的，但是经过科学家的研究，最终被研发出来并应用于社会。

众所周知，艾萨克·阿西莫夫（Isaac Asimov）发表的"机器人三定律"给许多机器人研究人员带来巨大影响。企业家埃隆·马斯克（Elon Musk）不断尝试研发各种惊人科技，例如自动驾驶汽车、地下高速公路、脑芯片、火星移民……他称自己也受到了阿西莫夫科幻小说的影响。

曾与斯坦利·库布里克（Stanley Kubrick）合作打造经典科幻电影《2001：太空漫游》（*2001: A Space Odyssey*）的科幻作家亚瑟·C.克拉克（Arthur C. Clarke）于 1945 年发表了一篇题为《地球外的中继》（*Extra Terrestrial Relays*）的论文。他在论文中提出将通信卫星发射至地球同步轨道的想法，并计算出了所需轨道特点，为后来这一创想的实现做出了贡献。

奇点（技术奇点）概念因为雷·库兹韦尔（Ray Kurzweil）在2005年出版的《奇点临近》（*The Singularity Is Near*）而迅速风靡于世。这一概念的构思参考了弗诺·文奇（Vernor Steffen Vinge）的科幻小说《真名实姓》（*True Names*）。此外，克里斯·安德森（Chris Anderson）的著作《创客：新工业革命》（*Makers: the New Industrial Revolution*）也受到了科里·多克托罗（Cory Doctorow）的科幻小说《创客》的启发。

在小说中，人们既可以幻想出技术带来的理想型乌托邦，也可以创作出技术失控导致的黑暗型反乌托邦。

日本科幻动画电影代表《攻壳机动队》中，除了大脑之外整个身体都被换成高性能机械体的半机械人，深深苦恼于自己的"人性"问题。好莱坞大片《头号玩家》（*Ready Player One*）中，未来的现实世界，处于混乱与崩溃的边缘，于是人们利用VR打造了一个比现实世界更加繁荣的虚拟世界。

对现在与未来的虚拟化创作，是将光影之间世界观的逐层变化展示出来给所有人看。人们因此对未来或感到喜悦，或感到恐惧。这样他们可以更深入、更主动地思考如何处理人类与技术的关系，以及人类需要怎样的社会机制来维持人类与技术的这种关系。如果我们让技术来学习人类价值观，那么在面对人类生死这一重大问题时，我们要如何引导技术做出正确的判断和抉择？这仍然是一个悬而未决的难题。

伦理学中有个著名的思想实验——电车难题。行驶失控电车的轨道上绑着5个工人，如果不采取行动的话，这些工人肯定全部被压死。如果按一下身边的开关，就可以改变电车路线，使它开到另一条轨道上。但是，另一条轨道上也绑着1个工人。结局是，无论怎样做，都会有人被压死。技术应该如何处理这种连人类都难以做出抉择的困局呢？

麻省理工学院的一个研究小组将电车改成了自动驾驶汽车，做了一份调查问卷，试图弄清人类会给出怎样的答案。他们给出了以下设定：一辆自动驾驶汽车的刹车失灵了，它马上要撞到过马路的行人。避免事故发生的唯一方法是使汽车撞到某物并停下来，但这会导致车上乘客死亡。在这种情况下，自动驾驶汽车应该保护行人还是乘客呢？

在这次调查中，他们设置了各种不同场景，例如行人和乘客是一人还是多人、是孩子还是老人、行人带没带宠物、是否闯红灯等。他们从世界各地收集了大量回答，针对回答做出了分析，并将分析结果发表在2018年10月的《自然》（Nature）杂志上。结果表明，人们普遍认为人类生命优先于宠物生命，多数人的生命优先于一个人的生命。而除此之外其他事物的优先权，则不同地区、不同文化之间有较大差异。

要想将事关人命的技术引入社会，人类与技术必须互相学习，就所有问题达成共识，即使上述这种难题也不例外。

利用社群改变社会

在创建社群方面，我们又应该怎样做呢？

在本书中，我们主张要创建"共域"这一未来社群形态。正如文中所述，它是价值共创和交换的平台，既能为每个人提供实现自我的机会，也能够改变社会。它是一种新的联系形式，利用3X横跨现实空间和虚拟空间，将人与人连接在一起。

现代社会正面临着人口出生率下降、贫困和不平等加剧、全球变暖、资源枯竭等各种问题。这些问题中往往有着错综复杂的利害关系，解决起来非常困难，而"共域"这种新型社群将在解决这一问题的过程中发挥重大作用。

通过集体的力量来改变社会，这是解决社会问题的方案之一。近几年，"联合影响力[1]"的观点在社会上影响甚大，它主张

---

[1] 社会问题顾问约翰·卡尼亚（John Kania）和马克·克雷默（Mark Kramer）2011年在斯坦福大学发行的《斯坦福社会创新评论》（*Stanford Social Innovation Review*）中，发表了一篇名为《联合影响力》（*Collective Impact*）的论文。论文首次提出了"联合影响力"的概念，它指的是来自不同部门的多个重要参与者，为了解决某些复杂的社会问题，围绕相同目标而合作的共同约定。

不同的参与者（包括个人在内）共同合作，一起解决社会问题。庆应义塾大学的井上英之先生长期以来致力于培养社会企业家，他在《社会改革的系统思维实践指南》的日文版序言中这样写道：

> "'联合影响力'是解决社会问题的一个新途径，不同的参与者通过合作给社会带来巨大改变，这一改变远超个人努力所能达到的极限。对于长期以来难以解决的、重大的或者根源性问题，我们现在需要携起手来，齐心协力，共同解决迫在眉睫的危机。"

从个体的角度来看，这意味着自己这一"个体"在社会中具有更重要的意义。井上在《哈佛商业评论》（*Havard Business Review*）2019年2月刊中就个体的重要性做了如下论述：

> "就商业手法来说，（联合影响力的观点）基于'纠正外部问题'的思维，这是一种解决问题的思维；而就第二系谱[1]来说，社会与个人是复杂的分形结构，社会问题也存在于个人自身。"

所有的"我"都是社会这一系统的一部分，"我"在日常生

---

[1] 在解决社会课题时的个人层面的解决方法，主要是相对于商业界的解决方法而言。

活中感受到的正是社会的某一缩影。"我"乘坐拥挤的电车，感到心情烦躁。"我"的这种感受同时也是社会这一系统的声音，这种声音反映了两个问题，第一个是工作方式的问题，人们每天都要前往相同的地点上班；第二个是城市人口过于集中的问题。

"我"本身也是造成电车拥挤的因素之一，还有很多人和"我"体验着相同的事情。"我"这一存在中包含着某种代表性，一定还有其他人和"我"有相同的经历和共同的感受。"我"遇到的困难和心情波动表明人们对这个世界有所需求，而"我"的需求只占一小部分，这里有着庞大的市场。如果能找到好的方法解决问题，那么世界或许将因此而改变。

未来社会多元化程度将进一步发展，"少数服从多数"这一民主原则往往会导致少数派的意见被忽视。那么，个人的感受和意见经常没来得及被社会听到就湮灭在大多数人的声音中。这样一来，服务于多数派利益的社会结构便永远无法改变。

为了实现联合国可持续发展目标提倡的"不让任何一个人掉队"，我们必须关注个体微弱的代表性。比起中心化组织开展的活动，我们更应该重视个体的想法、个体的声音、个体的活动，将个体行为看作社会改革的动力。然而，就目前来看，大部分人都认为"从个人开始行动起来"是一件门槛很高的事情，并不容易完成。但是，这种心理上的门槛只不过是现有的中心化社会的偏见而已，并且它只存在于中心化社会，未来社会中这种偏见一定会消失。在去中心化自治社会中，任何人都能自由获取和传递各种信息，个体之间是自由联系在一起的。在去中心化社会中，现在仍由地方政府和中央政府组织的公共活动和企业活动将分散开来，举办方会选择更加贴近个人的地方来举办。

现在，我们正在迈向这样的未来。那么我们需要什么样的新型社群来适应未来社会呢？首先，我们要意识到自己是具有代表性的。如果认为社会还不完美，还有需要改善的地方，那就向自己最熟悉的社群倾诉。换句话说，就是和朋友、同事交流，分享彼此的烦恼和梦想。这看起来只是一小步，但是个体之间的情感交流却是构建社群的基础。在万物互联的世界中，哪怕只是小小的涟漪，只要它出现了，就必定会传播到某个地方。世界各地同时产生的小小涟漪，最终会变成巨浪，这些巨浪必定会瞬间与社会接轨。在未来社会，人们将利用3X创建出共域。届时，我们要注意，不能把共域变成封闭的、排他性社群。新型社群不会使社会差距和社会分裂更严重，在新型社群中，每个人都具有代表性，可以通过各种形式与社群外部的世界联系在一起，共同给社会带来积极影响。

现在，通过社交媒体等途经找到小众群体伙伴已经没有那么难了，这让社会上各种小众群体的代表性得以彰显出来。如果3X能够帮助人们摆脱地理、空间和身体的制约，那么人与人之间的联系将变得更加简单，从中将产生联合影响力，其影响的范围将从地方扩大到国家，进而扩大到全球。每个人的自我实现将更直接地与社会联系在一起，而且与他人密切相关，这种联系产生的共鸣反过来又将进一步增强其影响力。

乔治·修拉[①]（Georges Seurat）的点彩画使用独立的"色点"来表现一颗颗光粒，许多色点协调构成美丽的风景。我们人类也要在保持个性和独立性的前提下，与社会和谐共处，一起描绘出和谐宏伟的画卷。我们所要追求的世界是个体为集体付出，同时集体也为个体付出的世界。

创建出共域，在它的帮助下，同时达到个体的自我实现和社会整体的富裕和可持续发展，这是我们对子孙后代的承诺，也是我们每个人应完成的使命。

[①] 乔治·修拉：法国著名画家。——译者注

结语

　　如今，SDGs和ESG已经成为全球通用术语，世界各国都在讨论如何解决全球性社会问题，讨论国家、组织和个人在解决这一问题过程中应扮演什么角色。解决已经显现的社会问题（例如SDGs），无疑要我们集思广益，集中所有人的智慧。但是这种方法不足以解决50年之后的问题。我们如果要真正实现繁荣的、可持续发展的社会，首先需要描绘出未来社会的样子，然后努力去实现它，在此过程中尽量避免产生新的社会问题。预测未来的最好方法是创造未来。

　　本书是在三菱综合研究所50周年纪念研究的基础上撰写而成的。在纪念研究的开篇，我们提出了一个问题：在即将到来的"百亿人口、百岁人生时代"，怎样的社会才是每个人都能感受到富裕并且实现真正可持续发展的社会？未来50年，世界人口将持续增长，而日本人口却急剧减少，日本将成为世界首批进入超老龄化社会（百岁寿命）的国家。日本不仅要在解决社会问题方面走在世界前列，还要成为世界上最早实现理想未来世界的国家。经历了"失去的30年"之后，现在正是"转舵"的关键时期，日本要建成富裕的、可持续发展的、去中心化自治的和谐社会，就必须兼顾个人富裕和实现社会可持续发展。实现这一点并不容易，但是我们经过研究之后相信，如果能够充分利用3X和

"共域"这两大手段，是完全可以实现这一目标的。之后我们要做的，就是为了实现理想未来世界而付诸行动。

在三菱综合研究所成立50周年之际，我们制定了新的经营理念——以解决各类社会问题，共创繁荣的、可持续发展的未来为使命，继续探寻理想未来，引领社会变革。作为共创未来的智库，我们不仅要思考，更要行动。我们不仅要为国家提出合理建议和构想，还要参与改革行动，不断接受新的挑战。我们不仅要畅想未来，还要与各位读者一起，朝着共同创造繁荣的、可持续发展的未来社会迈出新的一步。如果能够为理想未来世界的实现略尽绵薄之力，我们将感到无比欣慰。

在本课题的研究和执笔过程中，我们有幸得到多位专家的宝贵意见和建议。产业技术综合研究所人体增强研究中心主任持丸正明先生和小岛一浩先生、渡边健太郎先生，庆应义塾大学研究生院媒体设计研究科南泽孝太教授，在第2章、第4章和第5章中，就未来人体增强技术方面提供了很多真知灼见。自治医科大学医学部的高濑坚吉教授，以心理学专家的角度，对第5章中的"联系"给出了建议。大阪大学研究生院经济学研究科的安田洋佑副教授，在第3章、第5章和第6章中，就社群的形态提出了很多建议。千叶大学研究生院社会科学研究院的小林正弥教授，京都大学心灵未来研究中心的广井良典教授，在第3章、第6章中，就社群和社会福祉问题提供了很多建议，并根据翔实的分析结果给出

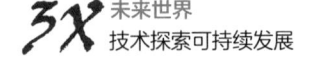

了自己的见解。大阪艺术大学艺术与科学学院的安藤英由树教授就日本社会福祉方面给予了很多建议，同时参与了全书的审稿工作。

东京大学未来愿景研究中心菊池康纪副教授，就第8章内容和可持续发展问题，提出了有益的观点与建议。产业技术综合研究所的西尾匡弘先生、东京工业大学环境与社会理工学院理工交叉系的时松宏治副教授在矿产资源供求分析方面与我们开展了合作研究。全球足迹网络的研究型经济学家、亚洲区项目推进员伊波克典先生在全球足迹方面与我们开展了合作研究。南山大学综合政策学院综合政策系的石川良文教授在未来社会的区域模式方面与我们开展了合作研究，共同探讨并模拟了未来区域模式的具体形式。筑波大学系统与信息系的大泽博隆副教授、研究员宫本道人先生对最后一章中的科幻思维问题给予了帮助，并就本课题的整体框架提出了宝贵的建议。

此外，还要感谢在意见交流会中给本课题以莫大帮助的各位。

最后，钻石出版社的编辑为本书的结构提出了很多宝贵建议，借此机会深表谢意。

三菱综合研究所智库部长、常务研究理事

大石善启

2021年4月

参考文献

前言

『絶滅の人類史 なぜ「私たち」が生き延びたのか』更科功 著 2018年 NHK出版

『サピエンス全史 文明の構造と人類の幸福』ユヴァル・ノア・ハラリ 著 2016年 河出書房新社

『NHKスペシャル 人類誕生』NHKスペシャル「人類誕生」制作班 編 2018年 学研プラス

『サピエンス物語(大英自然史博物館シリーズ2)』大英自然史博物館 ルイーズ・ハンフリー&クリス・ストリンガー 著 2018年 エクスナレッジ

『第三の波』アルビン・トフラー 著 1980年 日本放送出版協会

『テクノロジーの世界経済史』カール・B・フレイ 著 2020年 日経BP

『大分岐—中国、ヨーロッパ、そして近代世界経済の形成』K・ポメランツ 著 2015年 名古屋大学出版会

『第四次産業革命 ダボス会議が予測する未来』クラウス・シュワブ 著 2016年 日本経済新聞出版

『コミュニティ：社会学的研究：社会生活の性質と基本法則に

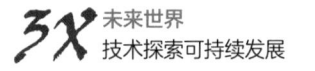

関する一試論』R.M.マッキーヴァー 著 2009年 ミネルヴァ書房

『コミュニティを問いなおす』広井良典 著 2009年 筑摩書房

『哲学する民主主義—伝統と改革の市民的構造』ロバート・D.
パットナム 著 2001年 NTT出版

『孤独なボウリング』ロバート・D.パットナム 著 2006年 柏書房

第1章

『定常型社会 新しい「豊かさ」の発想』広井良典 著 2017年 岩
波書店

『ポジティブ心理学 科学的メンタル・ウェルネス入門』小林正
弥 著2021年 講談社

『これからの幸福について』内田由紀子 著 2020年 新曜社

『日本の「安心」はなぜ、消えたのか』山岸俊男 著 2008年 集英
社インターナショナル

『わたしたちのウェルビーイングをつくりあうために その思
想、実践、技術』渡邊淳司、ドミニク・チェン、安藤英由樹他
著 2020年 ビー・エヌ・エヌ新社

『International Differences in Well-Being』Ed Diener,Daniel
Kahneman,John F. Helliwell 著 2010年 Oxford University Press

『ドーナツ経済学が世界を救う』ケイト・ラワース 著 2018年 河
出書房新社

『成長の限界』ドネラ・H・メドウズ 著 1972年 ダイヤモンド社

『2052 今後40年のグローバル予測』ヨルゲン・ランダース 著 2013年 日経BP

『ホモ・デウス』ユヴァル・ノア・ハラリ 著 2018年 河出書房新社

『大不平等』ブランコ・ミラノヴィチ 著 2017年 みすず書房

『現代社会はどこに向かうのか』見田宗介 著 2018年 岩波書店

『豊かさとは何か』暉峻淑子 著 1989年 岩波書店

『人新世の「資本論」』斎藤幸平 著 2020年 集英社

『限界費用ゼロ社会』ジェレミー・リフキン 著 2015年 NHK出版

『無縁社会の正体 血縁・地縁・社縁はいかに崩壊したか』橘木俊詔 著 2010年 PHP研究所

第2章

『歴史の起源と目標』カール・ヤスパース 著 1964年 理想社

『なぜ科学技術の規制が必要か―制度論的考察―』小林傳司 著 2003年 「哲学」vol.54所収、日本哲学会

『オープンサイエンス革命』マイケル・ニールセン 著 2013年 紀伊國屋書店

『自在化身体論』稲見昌彦他 著 2021年 株式会社エヌ・ティー・エス

『スーパーヒューマン誕生! 人間はSFを超える』稲見昌彦 著

2016年 NHK出版

『メカ屋のための脳科学入門』高橋宏知 著 2016年 日刊工業新聞社

『世界アルツハイマー病レポート2015』国際アルツハイマー病協会

『AI社会の歩き方』江間有沙 著 2019年 化学同人

『人間の未来AIの未来』山中伸弥，羽生善治 著 2018年 講談社

『2100年の科学ライフ』ミチオ・カク 著 2012年 NHK出版

第3章

『コミュニティを問いなおす』広井良典 著 2009年 筑摩書房

『オードリー・タン・デジタルとAIの未来を語る』オードリー・タン 著 2020年 プレジデント社

『地域通貨・キームガウアーの仕組みと思想』林公則 著 2020年 明治学院大学国際学部付属研究所研究所年報

『自由のこれから』平野啓一郎 著 2017年 ベストセラーズ

『誰が世界を変えるのか』フランシス・ウェストリーほか 著 2008年 英治出版

『共鳴する未来』宮田浩章 著 2020年 河出書房新社

第4章

『LIFE SHIFT』リンダグラットン,アンドリュースコット 著 2016年 東洋経済新報社

『科学者の社会的責任』藤垣裕子 著 2018年 岩波書店

『健康の経済学』康永秀生 著 2018年 中央経済社

第5章

『孤立の社会学』石田光規 著 2011年 勁草書房

『現代日本人の絆』亀岡誠 著 2011年 日本経済新聞出版社

『信頼の構造』山岸俊男 著 1998年 東京大学出版会

『テクノロジーが変える、コミュニケーションの未来』中津良平 著 2010年 オーム社

『未来をつくる言葉』ドミニク・チェン 著 2020年新潮社

『社会疫学』イチロー・カワチ 他 編 2017年 大修館書店

『「つながり」と健康格差 なぜ夫と別れても妻は変わらず健康なのか』村山洋史 著 2018年ポプラ社

『ビッグ・クエスチョン―〈人類の難問〉に答えよう』スティーヴン・ホーキンス 著 2019年 NHK出版

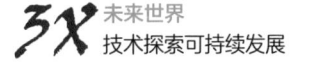

第6章

『プログレッシブキャピタリズム』ジョセフ・E・スティグリッツ 著 / 山田美明 訳 2019年 東洋経済新報社

『完全なる経営』A.H.マズロー 著 / 金井壽宏 監訳 2017年 日本経済新聞出版社

『両利きの経営』C.A.オライリー、M.L.タッシュマン 著 / 入山章栄 訳 2019年 東洋経済新報社

『宇沢弘文の経済学社会的共通資本の論理』宇沢弘文 著 2015年 日本経済新聞出版社

『ラディカル・マーケット 脱・私有財産の世紀』エリック・A・ポズナー/E・グレン・ワイル 著 / 安田洋祐 監訳 2020年 東洋経済新報社

『A New City O/S』Stephen Goldsmith,Neil Kleiman 著 2017年 Brookings Institution Press

『NEXT GENERATION GOVERNMENT 次世代ガバメント 小さくて大きい政府の作り方』若林恵 著 2019年 黒鳥社

『新コモンズ論』細野助博、風見正三、保井美樹 著 2016年 中央大学出版部

『失われた場を探して』メアリー・C・ブリトン 著 / 池村千秋 訳 2008年 NTT出版

『文化的進化論』ロナルド・イングルハート 著 / 山﨑聖子 訳 2019年 勁草書房

『地域社会圏主義増補改訂版』山本理顕，上野千鶴子，金子 勝 他 著 2013年 LIXIL出版

『純粋機械化経済』井上智洋 著 2019年 日本経済新聞出版社

第7章

『一橋ビジネスレビュー 2019年冬号67巻3号』一橋大学イノベーション研究センター 編 2019年 東洋経済新報社

第8章

『ローマクラブ『成長の限界』から半世紀Come On! 目を覚まそう!』エルンスト・フォン・ワイツゼッカー 著 2019年 明石書店

『CREATING A SUSTAINABLE FOOD FUTURE A Menu of Solutions to Feed Nearly 10 Billion People by 2050』World Resources Institute 著 2018年

『Transformations to Achieve the Sustainable Development Goals』The World in 2050 initiative 著 2018年

『A framework for shaping sustainable lifestyles』UNEP 著 2016年

『エコロジカル・フットプリント―地球環境持続のための実践プランニング・ツール』マティース・ワケナゲル 他 著 2004年

合同出版

『地球温暖化問題の探究』杉山大志 著 2018年 デジタルパブリッシングサービス

『小さな地球の大きな世界』J．ロックストローム,M．クルム 著 2018年 丸善出版

『MAKERS—21世紀の産業革命が始まる』クリス・アンダーソン 著 2012年 NHK出版

第9章

『ポスト・ヒューマン誕生』レイ・カーツワイル 著 2007年 NHK出版

『社会変革のためのシステム思考実践ガイド——共に解決策を見出し、コレクティブ・インパクトを創造する』デイヴィッド・ピーター・ストロー 著 2018年 英治出版